ゼロからはじめる **au**【エクスペリア ワン マークファイブ／テン マークファイブ】

XPERIA1v/10v au

【Xperia 1 V /10 V SOG10/SOG11】
スマートガイド

技術評論社編集部 著

技術評論社

■CONTENTS

Chapter 1
Xperia 1 V/10 V のキホン

Chapter 2
電話機能を使う

Chapter 3
メールやインターネットを利用する

Chapter 4
Google のサービスを使いこなす

■●CONTENTS

Chapter 5
au のサービスを使いこなす

Chapter 6
音楽や写真・動画を楽しむ

Chapter 7
Xperia 1 V/10 V を使いこなす

■ CONTENTS

ご注意：ご購入・ご利用の前に必ずお読みください

●本書に記載した内容は、情報の提供のみを目的としています。したがって、本書を用いた運用は、必ずお客様自身の責任と判断によって行ってください。これらの情報の運用の結果について、技術評論社および著者、アプリの開発者はいかなる責任も負いません。

●ソフトウェアに関する記述は、特に断りのない限り、2023年8月現在での最新バージョンをもとにしています。ソフトウェアはバージョンアップされる場合があり、本書での説明とは機能内容や画面図などが異なってしまうこともあり得ます。あらかじめご了承ください。

●本書は以下の環境で動作を確認しています。ご利用時には、一部内容が異なることがあります。あらかじめご了承ください。
　端末 ： Xperia 1 V SOG10（Android 13）
　　　　　Xperia 10 V SOG11（Android 13）
　パソコンのOS ： Windows 11

●インターネットの情報については、URLや画面などが変更されている可能性があります。ご注意ください。

以上の注意事項をご承諾いただいたうえで、本書をご利用願います。これらの注意事項をお読みいただかずに、お問い合わせいただいても、技術評論社は対処しかねます。あらかじめ、ご承知おきください。

■本書に掲載した会社名、プログラム名、システム名などは、米国およびその他の国における登録商標または商標です。本文中では、™、®マークは明記していません。

Xperia 1 Ⅴ／10 Ⅴ のキホン

Xperia 1 V Xperia 10 V

Xperia 1 V ／ 10 V について

OS・Hardware

Xperia 1 V SOG10 ／ Xperia 10 V SOG11（以降Xperia 1 V ／ 10 V）は、auのAndroidスマートフォンです。auの5G通信規格に対応しており、優れたカメラやオーディオ機能を搭載しています。

各部名称を覚える

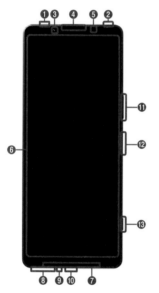

❶	ヘッドセット接続端子	❼	スピーカー	⓭	シャッターキー
❷	セカンドマイク	❽	nanoSIMカード／microSDカード挿入口	⓮	フラッシュ／フォトライト
❸	フロントカメラ			⓯	サードマイク
❹	受話口／スピーカー	❾	送話口／マイク	⓰	メインカメラ
❺	近接／照度センサー	❿	USB Type-C接続端子	⓱	♫マーク
❻	ディスプレイ（タッチスクリーン）	⓫	音量キー／ズームキー		
		⓬	電源キー／指紋センサー		

Xperia 10 Vには、「⓭シャッターキー」は搭載されていません。

Xperia 1 V ／ 10 Vの特徴

●トリプルレンズカメラ

> 超広角カメラ
> より広い範囲の風景などを1枚に収めることができます。
> ・Xperia 1 V ：16mm 約1220万画素 F2.2
> ・Xperia 10 V ：16mm 約800万画素 F2.2

> 広角カメラ
> 明るいレンズで夜景を綺麗に撮影することができます。
> ・Xperia 1 V ：24mm 約4800万画素 F1.9
> ・Xperia 10 V ：26mm 約4800万画素 F1.8

> 望遠カメラ
> 遠くの被写体を鮮明に撮影することができます。
> Xperia 1 Vは2つの焦点距離を切り替えて使えます。
> ・Xperia 1 V ：85mm ／ 125mm 約1220万画素
>   F2.3 － F2.8
> ・Xperia 10 V ：54mm 約800万画素 F2.2

●21:9 マルチウィンドウとポップアップウィンドウ

> 21:9の縦長画面を活かして2つのアプリを同時に表示。ニュースやYouTubeを見ながら情報を検索することができます。

> ポップアップウィンドウを使うと、アプリ画面にもう1つのアプリを重ねて表示・操作できます。マルチウィンドウと同時に使うことも可能です。

電源のオン・オフと ロックの解除

OS・Hardware

電源の状態には、オン、オフ、スリープモードの3種類があります。
3つのモードは、すべて電源キー／指紋センサーで切り替えが可能
です。一定時間操作しないと、自動でスリープモードに移行します。

■ ロックを解除する

1 スリープモードで電源キー／指紋
センサーを押します。

押す

2 ロック画面が表示されるので、画
面を上方向にスワイプ（P.13参
照）します。

16:10
8月6日日曜日

スワイプする

3 ロックが解除され、ホーム画面が
表示されます。再度、電源キー
／指紋センサーを押すと、スリー
プモードになります。

MEMO アンビエント表示
Xperia 1 V

Xperia 1 Vには、スリープモー
ドでの画面に時刻などの情報を
表示する「アンビエント表示」機
能があります（Sec.58参照）。
ロック画面と似ているので紛らわ
しいのですが、スリープモードの
ため手順②の操作を行ってもロッ
クは解除されません。電源キー
／指紋センサーを押してロック画
面を表示してから手順②の操作
を行ってください。

■ 電源を切る

(1) 電源が入っている状態で、音量キーの上と電源キー／指紋センサーを同時に押します。

(2) メニューが表示されるので、[電源を切る] をタップすると、完全に電源がオフになります。

(3) 電源をオンにするには、電源キー／指紋センサーを本機が起動するまで長押します。

MEMO ロック画面からのカメラの起動

ロック画面から直接カメラを起動するには、ロック画面で■をロングタッチします。

基本操作を覚える

OS・Hardware

Xperia 1 V ／ 10 Vのディスプレイはタッチスクリーンです。指で
ディスプレイをタッチすることで、いろいろな操作が行えます。また、
本体下部にあるキーアイコンの使い方も覚えましょう。

キーアイコンの操作

戻る　ホーム　最近使用したアプリ

MEMO キーアイコンと オプションメニューアイコン

本体下部にある3つのアイコン
をキーアイコンといいます。キー
アイコンは、基本的にすべての
アプリで共通する操作が行えま
す。また、一部の画面ではキー
アイコンの右側か画面右上にオ
プションメニューアイコン：が表
示されます。オプションメニュー
アイコンをタップすると、アプリ
ごとに固有のメニューが表示さ
れます。

キーアイコンとその主な機能		
◀	戻る	タップすると1つ前の画面に戻ります。メニューや通知パネルを閉じることもできます。
●	ホーム	タップするとホーム画面が表示されます。ロングタッチすると、Googleアシスタントが起動します。
■	最近使用したアプリ	ホーム画面やアプリ利用中にタップすると、最近使用したアプリの一覧がサムネイルで表示されます。
⟳	画面の回転	本体の向きと表示画面の向きが異なる場合に表示され、タップすると縦／横画面表示が切り替わります。

■ タッチスクリーンの操作

タップ／ダブルタップ

タッチスクリーンに軽く触れてすぐに指を離すことを「タップ」、同操作を2回くり返すことを「ダブルタップ」といいます。

ロングタッチ

アイコンやメニューなどに長く触れた状態を保つことを「ロングタッチ」といいます。

ピンチ

2本の指をタッチスクリーンに触れたまま指を開くことを「ピンチアウト」、閉じることを「ピンチイン」といいます。

スライド

文字や画像を画面内に表示しきれない場合など、タッチスクリーンに軽く触れたまま特定の方向へなぞることを「スライド」といいます。

スワイプ（フリック）

タッチスクリーン上を指ではらうように操作することを「スワイプ」または「フリック」といいます。

ドラッグ

アイコンやバーに触れたまま、特定の位置までなぞって指を離すことを「ドラッグ」といいます。

OS・Hardware

ホーム画面の使いかた

タッチスクリーンの基本的な操作方法を理解したら、ホーム画面の見方や使い方を覚えましょう。本書ではホームアプリを「Xperiaホーム」に設定した状態で解説を行っています。

ホーム画面の見かた

ステータスバー
ステータスアイコンや通知アイコンが表示されます（P.16参照）。

ウィジェット
アプリが取得した情報を簡易的に表示します（Sec.09参照）。

ショートカット（アプリ）
各アプリへのショートカットが配置されています。

フォルダ
複数のショートカットをまとめられます。タップするとフォルダが開き、フォルダ内のショートカットをタップするとアプリが起動します。

Google検索ウィジェット
「Google検索」画面を起動します。

サイドセンスバー
サイドセンスメニューやマルチウィンドウメニューを表示できます（Sec.57参照）。

ドック（Dock）メニュー
よく使うアプリやフォルダを5つまで登録できます。初期設定では電話、Chrome、カメラなどが登録されています。

14

■ ホーム画面を左右に切り替える

1 ホーム画面は、左右に切り替える
ことができます。まずは、ホーム
画面を右方向にスワイプします。

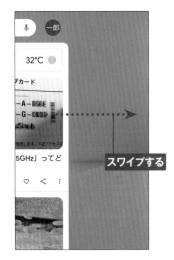

3 ホーム画面を左方向にスワイプす
ると、もとの画面に戻ります。

2 「Googleアプリ画面」が表示さ
れます（Sec.53参照）。Google
アカウント（Sec.12参照）を登
録すると、ここにニュースなどが
表示されます。

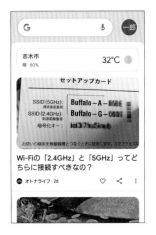

MEMO ホーム画面を追加する

ホーム画面上にあるアイコンをロ
ングタッチして、画面右端までド
ラッグすると、右側に新しいホー
ム画面が作成されます。なお、
新しいホーム画面上のアイコン
をすべて削除すると、そのホー
ム画面も削除されます。

Xperia 1 V   Xperia 10 V

OS・Hardware

情報を確認する

画面上部に表示されるステータスバーから、さまざまな情報を確認することができます。ここでは、通知される表示の確認方法や、通知を削除する方法を紹介します。

1 ステータスバーの見かた

通知アイコン	ステータスアイコン
不在着信や新着メール、実行中の作業などを通知するアイコンです。	電波状態やバッテリー残量など、主に状態を表すアイコンです。

	通知アイコン		ステータスアイコン
✉au	新着auメールあり	🔕	マナーモード（バイブなし）設定中
📞	不在着信あり	📳	マナーモード（バイブあり）設定中
📼	伝言メモあり	📶	Wi-Fi通信中
💬	新着＋メッセージあり	📶	電波の状態
🌐	アプリのアップデート通知あり	🔋	バッテリー残量
M	新着Gmailあり	📡	Wi-Fiテザリングをオンに設定中

📱 通知を確認する

1 メールや電話の通知、現在の状態を確認したいときは、ステータスバーを下方向にスライドします。

3 通知パネルが閉じ、通知アイコンの表示も消えます（削除されない通知アイコンもあります）。なお、通知パネルを上方向にスライドするか、◀をタップすることでも、通知パネルが閉じます。

2 通知パネルが表示されます。各項目の中から不在着信やメッセージの通知をタップすると、対応するアプリが起動します。ここでは［すべて消去］をタップします。

📝 MEMO ロック画面での通知表示

スリープモード時に通知が届いた場合、ロック画面に通知内容が表示されます。ロック画面に通知を表示させたくない場合は、Sec.51を参照してください。

OS・Hardware

アプリを利用する

アプリ画面には、さまざまなアプリのアイコンが表示されています。
それぞれのアイコンをタップするとアプリが起動します。ここでは、
アプリの切り替え方や終了方法もあわせて覚えましょう。

■ アプリを起動する

1

(1) ホーム画面を表示し、画面を上方向にスライドします。

スライドする

(2) アプリ画面が表示されるので、画面を上下にスライドし、任意のアプリを探してタップします。ここでは、[設定] をタップします。

❶ スライドする　❷ タップする

(3) 「設定」アプリが起動します。アプリの起動中に◀をタップすると、1つ前の画面（ここではアプリ画面）に戻ります。

Digital Wellbeing と保護者による使用制限
利用時間、アプリタイマー、おや
スケジュール

タップする

MEMO アプリのアクセス許可

アプリの初回起動時に、アクセス許可を求める画面が表示されることがあります。その際は、[許可] または [アプリ使用時のみ]や [今回のみ] をタップして進みます。[許可しない] をタップすると、アプリが正しく機能しない場合があります。

連絡先へのアクセスを「Duo」に
許可しますか？

許可

許可しない

新しい通話の開始

アプリを切り替える

(1) アプリの起動中や、ホーム画面で ■ をタップします。

(2) 最近使用したアプリの一覧がサムネイルで表示されるので、利用したいアプリを左右にスワイプして表示し、タップします。

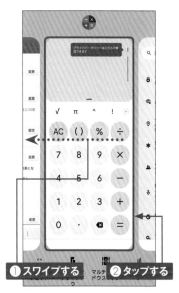

❶ スワイプする ❷ タップする

(3) タップしたアプリが起動します。

1

MEMO アプリの終了

手順(2)の画面で、終了したいアプリを上方向にフリックすると、アプリが終了します。なお、あまり使っていないアプリは自動的にスリープ状態になるので、基本的にはアプリを手動で終了する必要はありません。使用中に急に反応しなくなったときや、動作が重くなったときなどに、アプリを終了しましょう。

Section 07

Xperia 1 V Xperia 10 V

21：9マルチウィンドウ
を利用する

OS・Hardware

Xperia 1 V ／ 10 Vには、アプリの分割表示を設定できる「21：9マルチウィンドウ」機能があります。なお、分割表示に対応していないアプリもあります。

画面を分割表示する

（1）P.19手順②の画面を表示します。

（2）上側に表示させたいアプリのアイコン（ここでは [Chrome]）をタップし、[上に分割] をタップします。

（3）続いて、下側に表示させたいアプリ（ここでは [設定]）のサムネイル部分をタップします。

（4）選択した2つのアプリが分割表示されます。中央の ▬ をドラッグすると、表示範囲を変更できます。画面上部または下部までドラッグすると、分割表示を終了できます。

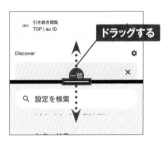

■ 分割表示したアプリを切り替える

(1) 分割表示したアプリを切り替えたい場合は、画面中央の ■ をタップします。

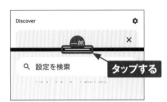

タップする

(2) 表示される ⊕ をタップします。

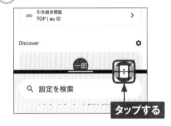

タップする

(3) 上下にアプリのサムネイルが表示されるので、左右にスワイプして切り替えたいアプリをタップします。

スワイプする

(4) すべてのアプリから選択したい場合は、手順③の画面で右端もしくは左端までスワイプし、[すべてのアプリ]をタップします。

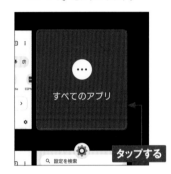

タップする

(5) すべてのアプリが表示されるので、切り替えたいアプリをタップして選択します。

MEMO **分割表示の履歴**

手順③の画面下部には、これまで分割表示したアプリの組み合わせが表示されます。これをタップすると、以前のアプリの組み合わせを復元できます。

ポップアップウィンドウ を利用する

OS・Hardware

Xperia 1 V ／ 10 Vには、画面の上に小さなアプリ画面を表示する「ポップアップウィンドウ」という機能があります。ポップアップウィンドウの位置やサイズは、ドラッグして自由に変更できます。

小さなアプリ画面を表示する

(1) 表示したいアプリを起動するか、「最近使用したアプリ」（P.19参照）に表示されるようにしておきます。 ■ をタップします。

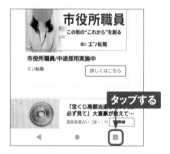

タップする

(2) 小さくしたいアプリのサムネイルを表示し、［ポップアップウィンドウ］をタップします。

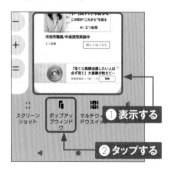

❶表示する
❷タップする

(3) 画面の右下に小さなアプリ画面が表示されます。P.19 を参考に大きな画面側のアプリを切り替えるか、◯をタップしてホーム画面を表示します。

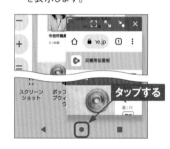

タップする

(4) 大きな画面と小さな画面で2つのアプリが表示されます。

■ ウィンドウの位置やサイズを変更する

① ウィンドウの位置やサイズを変更するには、小さなアプリをタップします。

タップする

② ウィンドウ上部にアイコンが表示され、ドラッグやタップすることで移動やサイズ変更を行えます。

ウィンドウを最大化

位置変更

アイコン化

サイズ変更

ウィンドウを閉じる

③ 小さなアプリでも、アプリの操作は通常画面と同様に行うことができます。

④ ポップアップウィンドウを表示した状態で、Sec.07を参考に分割画面を表示すると、3つのアプリ画面を同時に表示することができます。

Xperia 1 V   Xperia 10 V

OS・Hardware

ウィジェットを利用する

ホーム画面にはウィジェットが表示されています。ウィジェットを使うことで、情報の閲覧やアプリへのアクセスをホーム画面上からかんたんに行えます。

1 ◾ ウィジェットとは

ウィジェットは、ホーム画面で動作する簡易的なアプリのことです。さまざまな情報を自動的に表示したり、タップすることでアプリにアクセスしたりできます。標準でインストールされているウィジェットは40種類以上あり、Google Play（Sec.30 ～ 31参照）でアプリをダウンロードするとさらに多くの種類のウィジェットを利用できます。また、ウィジェットを組み合わせることで、自分好みのホーム画面の作成が可能です。

アプリを直接操作できるウィジェットです。

アプリの簡易的な情報が表示されるウィジェットです。

ウィジェットを設置すると、ホーム画面でアプリの操作や設定の変更、ニュースやWebサービスの更新情報のチェックなどができます。

■ ウィジェットを設置する

(1) ホーム画面の何もない箇所をロングタッチします。

(2) [ウィジェット] をタップします。

(3) 画面を上下にスライドして、追加したいウィジェットをロングタッチします。

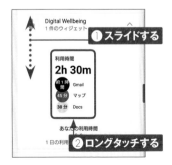

(4) ホーム画面が表示されるので、タッチしたまま配置したい場所までドラッグして指を離します。なお、画面の右端までドラッグすると、新しいホーム画面を作成して配置できます。

MEMO **ウィジェットの削除**

ウィジェットを削除するには、ウィジェットをロングタッチしたあと、画面上部の「削除」までドラッグします。

文字を入力する

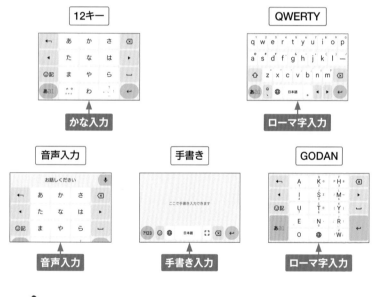

Xperia 1 V ／ 10 Vでは、画面下部に表示されるソフトウェアキーボードで文字を入力します。「12キー」（一般的な携帯電話の入力方法）や「QWERTY」などを切り替えて使用できます。

Application

文字入力方法

12キー

かな入力

QWERTY

ローマ字入力

音声入力

音声入力

手書き

ここで手書き入力できます

手書き入力

GODAN

ローマ字入力

MEMO　5種類の入力方法

Xperia 1 V ／ 10 Vには、携帯電話で一般的な「12キー」、パソコンと同じ「QWERTY」のほか、音声入力の「音声入力」、手書き入力の「手書き」、「12キー」や「QWERTY」とは異なるキー配置のローマ字入力の「GODAN」の5種類の入力方法があります。なお、本書では音声入力、手書き、GODANは解説しません。

キーボードを使う準備をする

1 初めてキーボードを使う場合は、「入力レイアウトの選択」画面が表示されます。[スキップ]をタップします。

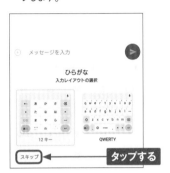

2 12キーのキーボードが表示されます。🔅をタップします。

3 [言語] → [キーボードを追加] → [日本語]の順にタップします。

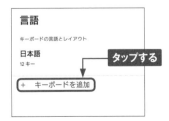

4 追加したいキーボードをタップして選択し、[完了]をタップします。

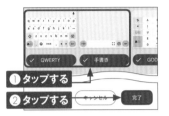

5 キーボードが追加されます。←を2回タップすると手順②の画面に戻ります。

1

MEMO キーボードの切り替え

キーボードを追加したあとは手順②の画面で ⋮⋮ が ⊕ に切り替わるので、⊕ をロングタッチします。切り替えられるキーボードが表示されるので、切り替えたいキーボードをタップすると、キーボードが切り替わります。

12キーで文字を入力する

●トグル入力を行う

① 12キーは、一般的な携帯電話と同じ要領で入力が可能です。たとえば、あを5回→かを1回→さを2回タップすると、「おかし」と入力されます。

② 変換候補から選んでタップすると、変換が確定します。手順①で∨をタップして、変換候補の欄をスライドすると、さらにたくさんの候補を表示できます。

●フリック入力を行う

① 12キーでは、キーを上下左右にフリックすることでも文字を入力できます。キーをロングタッチするとガイドが表示されるので、入力したい文字の方向へフリックします。

② フリックした方向の文字が入力されます。ここでは、たを下方向にフリックしたので、「と」が入力されました。

QWERTYで文字を入力する

(1) QWERTYでは、パソコンのローマ字入力と同じ要領で入力が可能です。たとえば、g → i の順にタップすると、「ぎ」と入力され、変換候補が表示されます。候補の中から変換したい単語をタップすると、変換が確定します。

(2) 文字を入力し、[日本語] もしくは [変換] をタップしても文字が変換されます。

(3) 希望の変換候補にならない場合は、◀ / ▶をタップして文節の位置を調節します。

(4) ←をタップすると、濃いハイライト表示の文字部分の変換が確定します。

MEMO QWERTYでのロングタッチ入力

QWERTYではロングタッチ入力が可能です。キーを押す長さによって、数字や記号などをすばやく入力できます。

文字種を変更する

(1) あa1をタップするごとに、「ひらが な漢字」→「英字」→「数字」 の順に文字種が切り替わります。 あのときには、日本語を入力でき ます。

(2) aのときには、半角英字を入力で きます。あa1をタップします。

(3) 1のときには、半角数字を入力で きます。再度あa1をタップすると、 日本語入力に戻ります。

MEMO 全角英数字の入力

[全] と書かれている変換候補を タップすると、全角の英数字で 入力されます。

絵文字や顔文字を入力する

(1) 絵文字や顔文字を入力したい場合は、◎記をタップします。

(2) 「絵文字」の表示欄を上下にスライドし、目的の絵文字をタップすると入力できます。

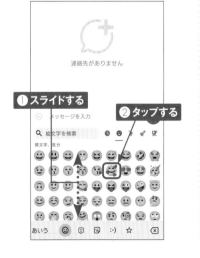

(3) 顔文字を入力したい場合は、キーボード下部の:-)をタップします。あとは手順 ② と同様の方法で入力できます。記号を入力したい場合は、☆をタップします。

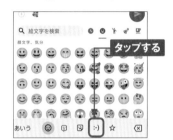

(4) [あいう] をタップします。

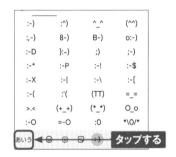

(5) 通常の文字入力画面に戻ります。

単語リストを利用する

(1) ユーザー辞書を使用するには、P.27手順②の画面で ✿ → [単語リスト] の順にタップします。

(2) 「単語リスト」画面が表示されるので、[単語リスト] → [日本語] → +の順にタップします。

(3) ユーザー辞書に追加したい言葉の「語句」と「よみ」を入力し、✓ → ←の順にタップします。

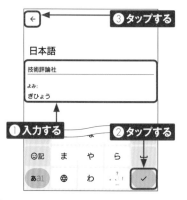

(4) ユーザー辞書に「語句」と「よみ」がセットで登録されます。

(5) 文字の入力画面に戻って、登録した「よみ」を入力すると、変換候補に登録した語句が表示されます。

■ 片手モードを使用する

① P.27手順②の画面で ⊞ → ［片手モード］の順にタップします。「ドラッグしてカスタマイズ」と表示された場合は［OK］をタップします。

② キーボードが右側に寄った右手入力用のキーボードが表示されます。＜をタップします。

③ キーボードが左側に寄った左手入力用のキーボードが表示されます。▨をタップします。

④ もとのキーボードに戻ります。

テキストを
コピー&ペーストする

Application

Xperia 1 V ／ 10 Vは、パソコンと同じように自由にテキストをコピー&ペーストできます。コピーしたテキストは、別のアプリにペースト（貼り付け）して利用することもできます。

■ テキストをコピーする

1 コピーしたいテキストをロングタッチします。

ロングタッチする

2 テキストが選択されます。●と●を左右にドラッグして、コピーする範囲を調整します。

ドラッグする

3 [コピー] をタップします。

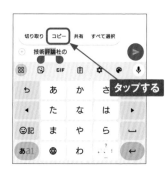

タップする

4 テキストがコピーされました。

コピーが完了する

テキストをペーストする

(1) 入力欄で、テキストをペースト（貼り付け）したい位置をタッチします。

(2) P.34手順③でコピーしたテキスト（ここでは「評論」）が表示されるので、タップします。

(3) コピーしたテキストがペーストされます。なお、キーボードの📋をタップして［クリップボードをオンにする］をタップすると、これまでのコピー履歴を利用できます。

MEMO そのほかのコピー方法

ここで紹介したコピー手順は、テキストを入力・編集する画面での方法です。「Chrome」アプリなどの画面でテキストをコピーするには、該当箇所をロングタッチして選択し、P.34手順②〜③の方法でコピーします。

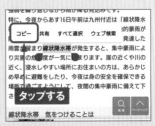

Googleアカウントを設定する

Application

Googleアカウントを設定すると、Googleが提供するサービスが利用できます。ここではGoogleアカウントを作成して設定します。すでに作成済みのGoogleアカウントを設定することもできます。

Googleアカウントを設定する

1 ホーム画面を上方向にスライドし、[設定] をタップします。

2 「設定」アプリが起動するので、画面を上方向にスライドして、[パスワードとアカウント] → [アカウントを追加] の順にタップします。

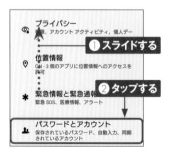

3 「アカウントの追加」画面が表示されるので、[Google] をタップします。

MEMO Googleアカウントとは

Googleアカウントを作成すると、Googleが提供する各種サービスへログインすることができます。アカウントの作成に必要なのは、メールアドレスとパスワードの登録だけです。Googleアカウントを設定しておけば、Gmailなどのサービスがかんたんに利用できます。

④ [アカウントを作成] → [個人で使用] の順にタップします。すでに作成したアカウントを使うには、アカウントのメールアドレスまたは電話番号を入力します（右下のMEMO参照）。

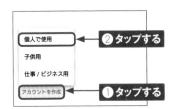

⑤ 上の欄に「姓」、下の欄に「名」を入力し、[次へ] をタップします。

⑥ 生年月日と性別をタップして設定し、[次へ] をタップします。

⑦ 「自分でGmailアドレスを作成」をタップして、希望するメールアドレスを入力し、[次へ] をタップします。

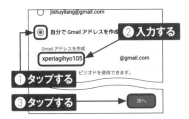

⑧ パスワードを入力し、[次へ] をタップします。

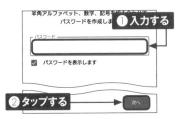

MEMO 既存のアカウントの利用

作成済みのGoogleアカウントがある場合は、手順④の画面でメールアドレスまたは電話番号を入力して、[次へ] をタップします。次の画面でパスワードを入力し、P.38手順⑨もしくはP.39手順⑬以降の解説に従って設定します。

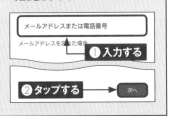

9 パスワードを忘れた場合のアカウント復旧に使用するために、電話番号を登録します。画面を上方向にスライドします。

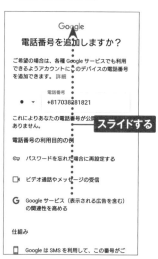

10 ここでは [はい、追加します] をタップします。電話番号を登録しない場合は、[その他の設定] → [いいえ、電話番号を追加しません] → [完了] の順にタップします。

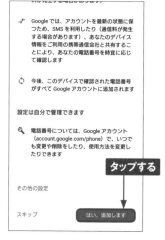

11 「アカウント情報の確認」画面が表示されたら、[次へ] をタップします。

12 画面上方向にスライドし、内容を確認して、[同意する] をタップします。

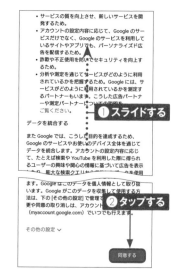

(13) 利用したいGoogleサービスがオンになっていることを確認して、[同意する] をタップします。

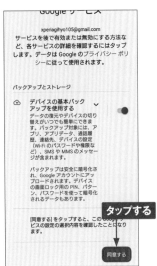

(14) P.36手順②の過程で表示される「アカウント」画面に戻ります。Googleアカウントをタップして、次の画面で [アカウントの同期] をタップします。

(15) Googleアカウントで同期可能なサービスが表示されます。サービス名をタップすると、同期の有効と無効を切り替えることができます。

MEMO Googleアカウントの削除

手順⑭の画面でGoogleアカウントをタップし、[アカウントを削除] をタップすると、Googleアカウントを端末から削除することができます。ただし、Googleアカウント自体は消えませんので、注意してください。

Xperia 1 V   Xperia 10 V

au IDのパスワードを設定する

Application

auが提供するサービス（Chap.5参照）を利用するには、au IDが必要です。通常、購入時にau IDが設定されるので、ここではau IDのパスワードを設定・変更する方法を紹介します。

au IDのパスワードを設定する

1 ホーム画面を上方向にスライドし、[My au] → [au IDでログインする] の順にタップします。アプリケーションのバージョンアップを求める画面が表示されたら [はい] をタップして、指示に従いアプリをアップデートします。

2 「My au」が起動したら、☰→ [マイページ] → [auID認定/ログアウト] → [au ID会員情報の確認・変更] の順にタップします。

3 「パスワード」の [変更] をタップします。

4 パスワードを入力し、[設定] をタップします。設定完了の画面が表示されるので、[戻る] をタップします。

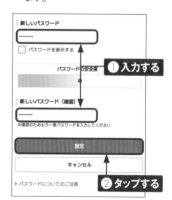

電話機能を使う

電話をかける・受ける

Application

電話操作は発信も着信も非常にシンプルです。発信時はホーム画面のアイコンからかんたんに電話を発信でき、着信時はドラッグまたはタップ操作で通話を開始できます。

電話をかける

(1) ホーム画面で🔵をタップします。

タップする

(2) 「電話」アプリが起動します。🔘をタップします。

タップする

(3) 相手の電話番号をタップして入力し、[音声通話] をタップすると、電話が発信されます。

①タップする　②タップする

(4) 相手が応答すると通話が始まります。🔴をタップすると、通話が終了します。

タップする

■ 電話を受ける

① 電話がかかってくると、着信画面が表示されます（スリープ状態の場合）。 を上方向にスワイプします。また、画面上部に通知で表示された場合は、[電話に出る]をタップします。

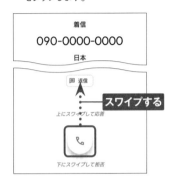

② 相手との通話が始まります。通話中にアイコンをタップすると、ダイヤルキーなどの機能を利用できます。

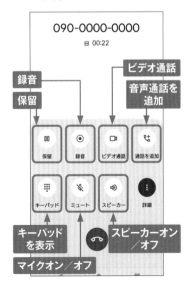

③ をタップすると、通話が終了します。

MEMO スマート着信操作

着信中に特定のジェスチャーを行うことで、電話に応答したり、拒否したりできる「スマート着信操作」が利用可能です。アプリ画面で [設定] → [システム] → [ジェスチャー] → [スマート着信操作]の順にタップして[ジェスチャーの使用]をオンにすることで、下記のようなジェスチャーで操作できます。

耳元に当てる	電話に応答する
振る	電話を拒否する
下向きに置く	着信音を消す

Application

履歴を確認する

電話の発信や着信の履歴は、発着信履歴画面で確認します。また、電話をかけ直したいときに通話履歴から発信したり、電話に出られない理由をメッセージ（SMS）で送信したりすることもできます。

発信や着信の履歴を確認する

(1) ホーム画面で📞をタップして「電話」アプリを起動し、[履歴] をタップします。

ワンタップで連絡先に電話をかけられます

連絡先をお気に入りに追加

タップする

★ お気に入り　🕐 履歴　👥 連絡先

(2) 発着信の履歴を確認できます。履歴をタップして、[履歴を開く] をタップします。

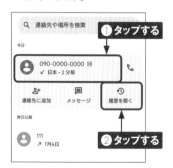

Q 連絡先や場所を検索　①タップする

今日

090-0000-0000 🗓
↙ 日本・2分前

👥 連絡先に追加　💬 メッセージ　🕐 履歴を開く

昨日以前

111
↗ 7月6日　②タップする

(3) 通話の詳細を確認することができます。

← 090-0000-0000　👤+ ⋮
日本

↖ 不在着信 🗓
16:17 (日)

↖ 不在着信 🗓
16:19 (日)

今日

↗ 通話発信 🗓　　　　　10秒
14:59

↙ 通話着信 🗓　　　　1分0秒
15:00

MEMO 履歴の削除

手順②の画面で履歴をロングタッチして、[削除] をタップすると、履歴を削除できます。

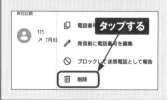

昨日以前

111　📋 電話番号　タップする
↗ 7月8　✏ 発信前に電話番号を編集

🚫 ブロックして迷惑電話として報告

🗑 削除

■ 履歴から電話をかける

(1) P.44手順①を参考に発着信履歴画面を表示します。発信したい履歴の📞をタップします。

(2) 電話が発信されます。

 電話に出られない理由をメッセージ（SMS）で送信

着信があっても電話に出られない場合は、出られない理由を相手にメッセージ（SMS）で送ることができます。P.43手順①の画面で、[返信] をタップし、送信するメッセージを候補から選んで入力するか、[カスタム返信を作成] をタップして、好きなメッセージを入力します。

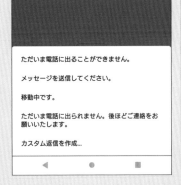

45

Application

伝言メモを利用する

電話を取れないときに本体に伝言を記録する「伝言メモ」機能を利用することができます。有料サービスである「お留守番サービスEX」とは異なり、無料で利用できます。

伝言メモを設定する

(1) P.42手順①を参考に「電話」アプリを起動して、右上の⋮をタップし、[設定]をタップします。

(2) [通話アカウント]をタップし、SIMをタップします。

(3) [伝言メモ]をタップします。注意事項が表示されたら[OK]をタップします。

(4) [伝言メモ]をタップします。

(5) 伝言メモが設定されます。

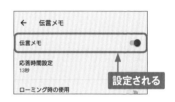

MEMO お留守番サービスEXとの違い

伝言メモは料金がかかりませんが、電波の届かない場所にいるか電源をオフにしていると利用できません。一方、有料の「お留守番サービスEX」は圏外や電源オフ時でも伝言メッセージを受け付けることができます。

■ 伝言メモを再生する

① 不在着信と伝言メモがあると、ステータスバーにが表示されます。ステータスバーを下方向にスライドします。

スライドする

② 通知パネルが表示されるので、伝言メモの通知をタップします。

③ 聞きたい伝言メモをタップします。

← 伝言メモリスト	◀×
▶ 09000000000 8月7日 15:08	00:11

タップする

④ 伝言メモが再生されます。伝言メモをロングタッチして[削除]をタップすると、伝言メモが削除されます。

← 伝言メモリスト	◀×
■ 09000000000 8月7日 15:08	00:03 / 00:11

MEMO そのほかの再生方法

ステータスバーの通知を削除してしまった場合は、P.46手順⑤の画面で、[伝言メモリスト]をタップします。あとは手順③以降と同じです。

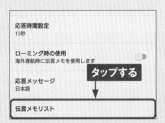

応答時間設定 13秒	
ローミング時の使用 海外渡航時に伝言メモを使用します	⬤
応答メッセージ 日本語	
伝言メモリスト	

タップする

Application

連絡帳を利用する

電話番号やメールアドレスなどを新規登録する際は、「連絡帳」アプリを使います。また、通話履歴から連絡先を登録することも可能です。

連絡先を新規登録する

1 ホーム画面を上方向にスライドします。

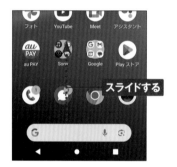

スライドする

2 アプリ画面で[連絡帳]をタップします。

タップする

3 「連絡帳」アプリ画面の下部にある + をタップします。

タップする

4 入力欄をタップし、「姓」と「名」を入力します。キーボードの ⏎ をタップすると、カーソルが「ふりがな」に移動するので、続けて入力します。

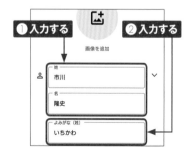

① 入力する
② 入力する
画像を追加
姓 市川
名 隆史
よみがな(姓) いちかわ

(5) 続けて、電話番号、メールアドレスなどを入力します。必要事項をすべて入力したら、[保存]をタップします。

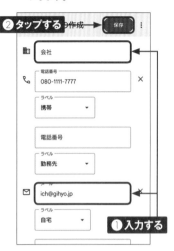

(6) 登録が完了すると、連絡先の情報画面が表示されます。◀をタップすると、連絡先画面に戻ります。

(7) 入力した連絡先が登録されます。

連絡先のエクスポート／ インポート

Sec.12でGoogleアカウントを設定すると、作成した連絡先はGoogleアカウントに保存されるので、機種変更をしても連絡先を移行する必要はありません。ただし、別のGoogleアカウントに変更する場合は、連絡先のエクスポート／インポートを行う必要があります。[修正と管理] → [ファイルへエクスポート]で連絡先ファイルを作成し、新しいGoogleアカウントを登録した後に [ファイルからインポート]で連絡先ファイルを取り込みます。

2

■ 連絡先を通話履歴から登録する

(1) ホーム画面で🄲をタップします。

タップする

(2) 発着信履歴画面（P.44参照）から、連絡先に登録したい電話番号をタップします。履歴に［連絡先に追加］と表示されていれば、タップすることで、手順④の画面が表示されます。

タップする

(3) ［連絡先に追加］をタップします。Googleアカウントが登録されていると、次に保存先を選択する画面が表示されます。

タップする

(4) 連絡先の情報を登録します。入力が完了したら、［保存］をタップします。

❷タップする

❶入力する

連絡先を編集する

① P.48手順①～②を参考に「連絡帳」アプリを起動し、編集したい連絡先の名前をタップします。

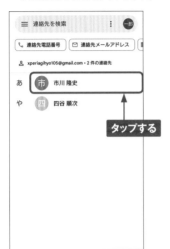

② 情報画面が表示されます。画面下部の🖉をタップします。

③ P.48手順④～P.49手順⑤を参考に連絡先の情報を編集し、[保存]をタップします。

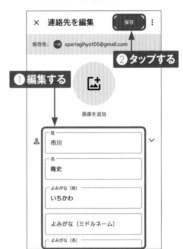

MEMO 連絡先の項目の追加

連絡先は、任意に項目を追加することができます。手順③の画面で上方向にスワイプし、[その他の項目]をタップして、「チャット」「ウェブサイト」などから追加したい項目をタップします。

2

■ 連絡先を削除する

① P.48手順①~②を参考に「連絡帳」アプリを起動し、削除したい連絡先の名前をタップします。

② 情報画面が表示されます。画面上部の⋮をタップします。

③ [削除]をタップします。

④ [ゴミ箱に移動]をタップすると、連絡先が削除されます。

MEMO 連絡先の一括削除

手順①の画面で削除したい連絡先をロングタッチし、複数の連絡先を選択して🗑→[ゴミ箱に移動]の順にタップすれば、連絡先をまとめて削除することができます。

■ 連絡先を検索して電話を発信する

① P.48手順①〜②を参考に「連絡帳」アプリを起動し、画面上部の [連絡先を検索] をタップします。

③ 電話番号をタップします。

② 検索ボックスが表示されます。検索ボックスに名前のよみがなの一部を入力すると、該当する連絡先が五十音順に表示されます。検索された連絡先をタップします。

④ 発信画面が表示され、電話が発信されます。 ●をタップすると、通話を終了します。

保存先のデフォルトアカウントを設定する

1 P.48手順①～②を参考に「連絡帳」アプリを起動し、画面右上の■をタップします。

2 [連絡帳の設定] をタップします。

3 [新しい連絡先のデフォルトアカウント] をタップします。

4 連絡先を保存するアカウントをタップします。

5 デフォルトアカウントが変更されます。

■ 自分の連絡先を確認・編集する

① P.48手順①～②を参考に「連絡帳」アプリを起動し、画面右上の●をタップし、[連絡帳の設定]をタップします。

② [自分の情報]をタップします。

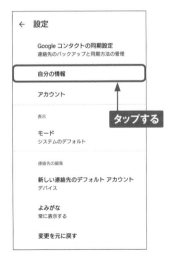

③ P.48手順④～ P.49手順⑤を参考に、ふりがなやメールアドレスなどの情報を入力して、[保存]をタップし、登録します。

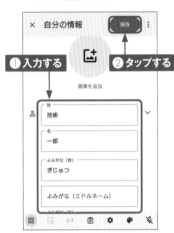

MEMO 連絡先への写真の登録

連絡先の情報として、相手や自分の写真を登録できます。手順③の連絡先の編集画面を表示して、🖼をタップします。メニューが表示されるので、[ギャラリー]をタップして保存されている写真を選ぶか、[カメラ]をタップしてその場で写真を撮影して登録します。

Xperia 1 V Xperia 10 V

Application

着信拒否を設定する

着信拒否設定をしておくと、非通知や公衆電話からの着信など種類を選んで、着信を拒否することができます。また、特定の番号からの着信を拒否することもできます。

種類を指定して着信拒否を設定する

(1) P.46手順①の画面で⋮をタップします。

(2) [設定] をタップします。

(3) 「設定」画面が表示されたら、[ブロック中の電話番号] をタップします。

(4) タップして　を　にすると、該当する種類の番号からの着信を一括して拒否できます。

■ 番号を指定して着信拒否する

(1) P.56手順④の画面で、[番号を追加]をタップします。

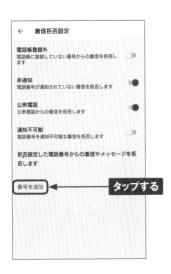

```
←   着信拒否設定

電話帳登録外
電話帳に登録していない番号からの着信を拒否し
ます

非通知
電話番号が通知されていない着信を拒否します

公衆電話
公衆電話からの着信を拒否します

通知不可能
電話番号を通知不可能な着信を拒否します

拒否設定した電話番号からの着信やメッセージを拒
否します

番号を追加  ◀━━  タップする
```

(2) 着信を拒否したい番号を入力し、[追加]をタップします。

```
←   着信拒否設定

電話帳登録外
電話帳に登録していない番号からの着信を拒否し
ます

非通知

次の電話番号からの着信とメッセージを拒
否します

090-2222-5555

        キャンセル  追加
```

❶ 入力する   ❷ タップする

(3) 設定した番号からの着信が拒否されます。

```
←   着信拒否設定

電話帳登録外
電話帳に登録していない番号からの着信を拒否し
ます

非通知
電話番号が通知されていない着信を拒否します

通知不可能
電話番号を通知不可能な着信を拒否します

拒否設定した電話番号からの着信やメッセージを拒
否します

                      番号が追加される

番号を追加

090-2222-5555              ×
```

(4) 番号の右の×→[拒否設定を解除]の順にタップすると、拒否設定を解除できます。

```
通知不可能
電話番号を通知不可能な着信を拒否します   タップする

090-2222-5555の拒否設定を解除しますか?

        キャンセル  拒否設定を解除

090-2222-5555              ×
```

MEMO 迷惑電話対策のサービス

auが提供する「迷惑電話撃退サービス」(100円/月)に加入すると、「お断りガイダンス」の通知や非通知番号の登録など、ここで紹介した「番号指定拒否」よりも強力な着信拒否機能を利用できます。詳しくはauのWebページを参照してください。

音やマナーモードを設定する

Application

メールの通知音や電話の着信音は、「設定」アプリから変更することができます。また、マナーモードの設定も、音量キーを押して、ワンタップで行うことができます。

通知音や着信音を変更する

(1) 「設定」アプリを起動して、[音設定] をタップします。

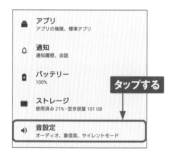

アプリ
アプリの権限、標準アプリ

通知
通知履歴、会話

バッテリー
100%

タップする

ストレージ
使用済み 21%・空き容量 101 GB

音設定
オーディオ、着信音、サイレントモード

(2) 「音設定」画面が表示されるので、[着信音-SIM1] [着信音-SIM2] または [通知音] をタップします。ここでは [着信音-SIM1] をタップします。

← 音設定

アプリの音量

サイレント モード
OFF

タップする

音設定

着信音 - SIM 1
Xperia

着信音 - SIM 2
Air

(3) 変更したい着信音をタップすると、着信音を確認することができます。[OK] をタップすると、着信音が変更されます。

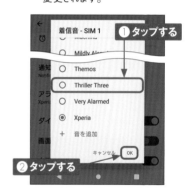

着信音 - SIM 1   **①タップする**

○ Machina

○ Mildly Alar...

通知   ○ Themos

○ Thriller Three

○ Very Alarmed

◉ Xperia

＋ 音を追加

キャンセル   OK

②タップする

MEMO 操作音などを設定する

手順②の画面で [詳細設定] をタップすると、「ダイヤルパッドの操作音」や「画面ロック音」などのシステム操作時の音、キーボード操作の音などのキータップ時の音の有効・無効を切り替えることができます。

■ 音量を設定する

●「設定」アプリから設定する

1 P.58手順②の画面で各項目のスライダーをドラッグして音量を調節することができます。

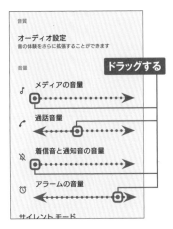

● 音量キーから設定する

1 ロックを解除した状態で、音量キーを押すと、メディアの音量設定画面が表示されるので、スライダーをドラッグして、音量を設定します。… をタップします。

MEMO ダイナミックバイブレーション Xperia 1 V

Xperia 1 Vの場合、「YouTube」などの対応アプリで再生中に音量キーを押すと、音の大きさに応じて振動する「ダイナミックバイブレーション」機能を利用できます。振動の設定は、アプリごとに保存されます。

2 ほかの項目が表示され、ここから音量を設定することができます。

2

■ マナーモードを設定する

① 音量キーを押し、🔔をタップします。

③ アイコンが📳になり、バイブレーションのみのマナーモードになります。

② 📳をタップします。

④ 手順②の画面で🔇をタップするとアイコンが🔇になり、バイブレーションもオフになったマナーモードになります（アラームや動画、音楽は鳴ります）。🔔をタップすると🔔に戻ります。

メールやインターネット
を利用する

Application

Webページを閲覧する

「Chrome」アプリでWebページを閲覧できます。Googleアカウントでログインすることで、パソコン用の「Google Chrome」とブックマークや履歴の共有が行えます。

Webページを閲覧する

1 ホーム画面を表示して、◎をタップします。初回起動時はアカウントの確認画面が表示されるので、[同意して続行] をタップし、「同期を有効にしますか?」画面でアカウントを選択して [有効にする] をタップします。

2 「Chrome」アプリが起動して、標準ではau Webポータルの Webページが表示されます。「アドレスバー」が表示されない場合は、画面を下方向にスライドすると表示されます。

3 「アドレスバー」をタップし、URL を入力して、→をタップします。このとき、調べたい言葉を入力することで検索ができます。また、入力の際に下部に表示される検索候補をタップすると、検索結果などが表示されます。

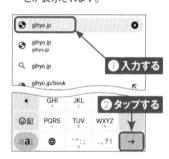

4 入力したURLのWebページが表示されます。

62

■ Webページを移動・更新する

(1) Webページの閲覧中に、リンク先のページに移動したい場合、ページ内のリンクをタップします。

(2) ページが移動します。◀をタップすると、タップした回数だけページが戻ります。

(3) 画面右上の⋮をタップして、→をタップすると、前のページに進みます。

(4) ⋮をタップして、Cをタップすると、表示しているページが更新されます。

3

MEMO 「Chrome」アプリの更新

「Chrome」アプリの更新がある場合、手順①の画面で、右上の⋮が●になっていることがあります。その場合は、● →［Chromeを更新］→［更新］の順にタップして「Chrome」アプリを更新しましょう。

複数のWebページを同時に開く

Application

「Chrome」アプリでは、複数のWebページをタブを切り替えて同時に開くことができます。複数のページを交互に参照したいときや、常に表示しておきたいページがあるときに利用すると便利です。

■ Webページを新しいタブで開く

1 「アドレスバー」を表示して（P.62参照）、 ⋮ をタップします。

2 ［新しいタブ］をタップします。

3 新しいタブが表示されます。

MEMO　タブを切り替える／閉じる

タブを切り替えるには、画面右上の数字②をタップし、一覧画面で表示したいタブをタップします。なお、タブの右上の［×］をタップすると、タブを閉じることができます。

■ グループでタブを開く

(1) ページ内にあるリンクを新しいタブ
で開くには、リンクをロングタッチ
します。

(2) [新しいタブをグループで開く] を
タップします。

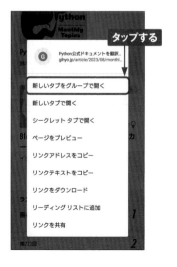

(3) 「グループ」が作成されます。画
面下部のアイコンをタップすると、
グループ内のタブを切り替えること
ができます。また、「×」の付い
たアイコンをタップすると、表示
中のタブを閉じることができます。

MEMO タブのグループ

Webサイトのリンクから新しいタ
ブを開くと、「グループ」と呼ば
れるタブの入れ物が作成され、
その中に複数のタブが収められ
ます。グループは、タブと同じ方
法で切り替えたり閉じたりするこ
とができます。また、P.64MEMO
の画面でタブをロングタッチして
グループにドラッグすると、グルー
プ内にタブを収納することができ
ます。

3

ブックマークを利用する

Application

「Chrome」アプリでは、WebページのURLを「ブックマーク」に追加し、好きなときにすぐに表示することができます。よく閲覧するWebページはブックマークに追加しておくと便利です。

■ ブックマークを追加する

1 ブックマークに追加したいWebページを表示して、⋮ をタップします。

2 ☆ をタップします。

3 ブックマークが追加されます。追加直後に正面下部に表示される[編集]をタップします。

4 名前や保存先のフォルダなどを編集し、← をタップします。

MEMO　ホーム画面にショートカットを配置するには

手順②の画面で[ホーム画面に追加]をタップすると、表示しているWebページをホーム画面にショートカットとして配置できます。

■ ブックマークからWebページを表示する

① 「Chrome」アプリを起動し、「アドレスバー」を表示して（P.62参照）、⋮ をタップします。

② [ブックマーク] をタップします。

③ 「ブックマーク」画面が表示されるので、閲覧したいブックマークをタップします。

④ ブックマークに追加したWebページが表示されます。

MEMO ブックマークの削除

手順③の画面で削除したいブックマークの ⋮ をタップし、[削除] をタップすると、ブックマークを削除できます。

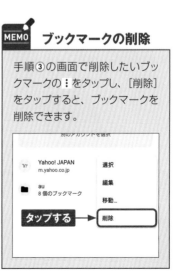

Application

利用できるメールの種類

Xperia 1 V ／ 10 Vでは、auメール（@au.com）や＋メッセージ（SMS含む）を利用できるほか、GmailおよびYahoo!メールなどのパソコンのメールも使えます。

auメール

> auの提供するメールです。「@au.com」のアドレスが使えます。

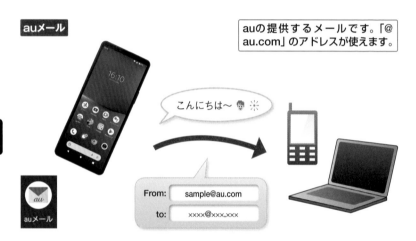

こんにちは〜 ◉ ☀

auメール

From:	sample@au.com
to:	xxxx@xxx.xxx

SMSと＋メッセージ

> 相手の携帯電話番号宛にメッセージを送信します。従来のSMSとそれを拡張した＋メッセージを利用できます。

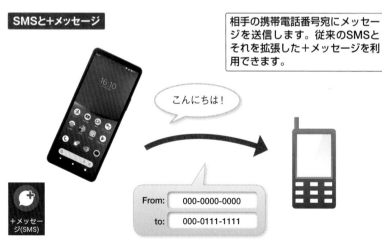

こんにちは！

＋メッセージ(SMS)

From:	000-0000-0000
to:	000-0111-1111

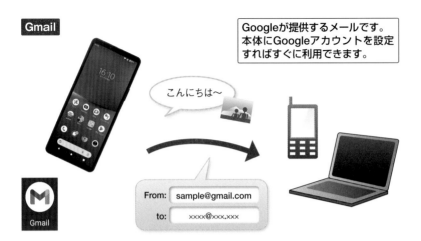

Gmail

Googleが提供するメールです。本体にGoogleアカウントを設定すればすぐに利用できます。

こんにちは〜

From: sample@gmail.com
to: xxxx@xxx.xxx

Gmail

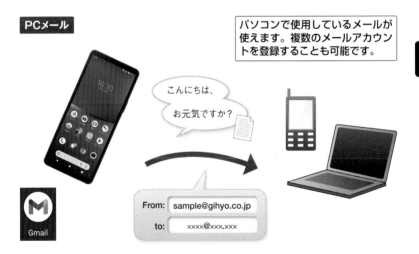

PCメール

パソコンで使用しているメールが使えます。複数のメールアカウントを登録することも可能です。

こんにちは、
お元気ですか?

From: sample@gihyo.co.jp
to: xxxx@xxx.xxx

Gmail

MEMO auメールについて

auが提供しているauメール（@au.comと@ezweb.ne.jpドメイン）サービスでは、「auメール」アプリを利用して、最大250KB相当の本文を送信できることができ（受信は最大1MBまで）、最大25件、2MBまでの写真ファイルなどを添付して送信することができます。

Xperia 1 V　Xperia 10 V

auメールの
メールアドレスを設定する

Application

新規購入した場合のauメールのメールアドレスは、ランダムな文字列が設定されています。まずは、auメールのメールアドレスを変更しておきましょう。

メールアドレスを変更する

(1) アプリ画面で[auメール]をタップします。

(2) 「利用規約」画面が表示されます。[同意する]をタップします。

(3) 「auメールに必要な許可のお願い」画面が表示されるので、[次へ]をタップし、[許可]を3回タップして、[OK]→[許可]の順にタップします。

(4) [OK]をタップします。

(5) 「auメール」アプリのホーム画面が表示されたら、画面左上の≡をタップします。

(6) [迷惑メール設定／アドレス変更]→[OK]の順にタップします。

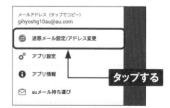

(7) 「メール設定」画面が表示されたら、[メールアドレスの変更へ] をタップします。

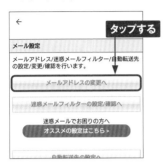

(8) 契約時に設定した4桁の暗証番号を正確に入力して、[送信] をタップします。

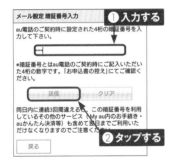

(9) アドレス変更の際の注意事項を確認したら、[承諾する] をタップします。

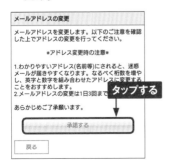

(10) [ご希望のメールアドレスに変更する] をタップし、メールアドレスの@より前の部分に設定する任意の文字を入力して、[送信] をタップします。

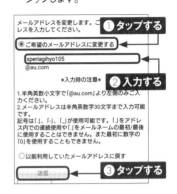

(11) アドレス変更の確認画面が表示されるので、[OK] をタップします。

(12) メールアドレスが変更されます。[OK] をタップすると、設定が完了します。

auメールを利用する

Application

「auメール」アプリでメールを作成する方法や、返信する方法を紹介します。メールには写真などを添付して送ることもできます。

メールを新規作成する

1 アプリ画面で[auメール]をタップして「auメール」アプリのホーム画面を表示し、[作成]をタップします。

2 「To」欄に宛先のメールアドレスを入力します。⊕をタップすると、「連絡先」から読み込むことができます。

3 件名と本文を入力し、[送信]をタップします。

4 確認画面が表示されるので、[OK]をタップすると、メールが送信されます。

72

■ 写真を添付して送信する

① P.72手順③の画面で、[添付] をタップします。アクセス許可を求める画面が表示されたら、[許可]をタップします。

② 写真を添付したい場合は、[画像] をタップすると、本体内の写真が表示されるので、添付したい写真をタップします。

③ メールに写真が添付されたのを確認し、[送信]をタップします。

④ [OK] をタップすると、メールが送信されます。

3

> **MEMO** 写真のサイズが大きい場合
>
> 添付する画像のサイズが大きい場合は、自動的に適正なサイズ（2MB程度）に変更されて送信されます。

■ 受信したメールを閲覧・返信する

① メールを受信すると、ステータスバーにアイコンが表示され、「auメール」のアイコンに未読数が表示されます。アイコンをタップします。

② 「受信」フォルダに未読数が表示されます。[受信]をタップします。

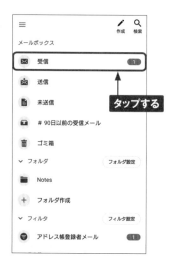

③ 標準では送信者別にメールが表示されます（P.75MEMO参照）。確認したい宛先のメールをタップします。

④ 読みたいメールをタップします。なお、この画面で[返信・転送]をタップすると、P.75手順⑥の画面が表示されます。

⑤ メールの内容が表示されます。返信する場合は、[返信・転送] をタップします。

⑥ ここでは [返信] をタップします。

⑦ 本文を入力し、[送信] をタップして、[OK] をタップすると返信できます。

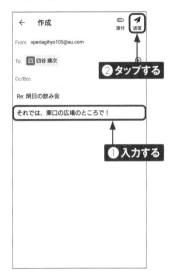

MEMO メールの並べ替え

P.74手順③の画面で [新着順に見る] をタップすると、送信者別ではなく、メールが届いた順にメールが表示されます。「受信」フォルダだけでなく、「送信」フォルダでも [送信者別に見る] と [新着順に見る] を利用することができます。

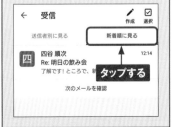

3

■ 迷惑メール対策の設定を行う

1 「auメール」アプリのホーム画面を表示し、≡をタップします（メールボックスなどの画面の場合は、←を何回かタップするとホーム画面に戻ります）。

2 [迷惑メール設定／アドレス変更] → [OK]の順にタップします。

3 「メール設定」画面が表示されます。[オススメの設定はこちら] をタップします。

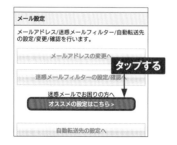

4 変更内容を確認して、[OK]をタップします。

5 迷惑メール設定の登録が完了します。[戻る]をタップすると、手順③の画面に戻ります。

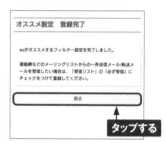

MEMO 迷惑メール対策の設定を削除する

P.76 ～ 77の設定を行うことで迷惑メールの数は減りますが、知り合いからのメールも届かなくなることがあります。特に、P.77の設定を行うと、GmailやYahoo!メールも届かなくなります。設定を初期状態に戻すには、P.77手順③の画面で [全ての設定を一括解除する] → [OK]をタップします。

■ 携帯／PHSからのメールのみ受信する

(1) P.76手順③の画面で、[迷惑メールフィルターの設定／確認へ]をタップします。

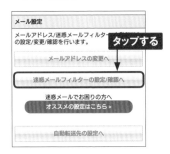

(2) 契約時に設定した4桁の暗証番号を正確に入力して、[送信]をタップします。

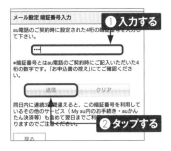

(3) [携帯／PHS以外からのメールを拒否する]をタップします。

(4) [設定する]をタップして選択し、[変更する]をタップします。

(5) 変更内容を確認して、[OK]をタップします。

(6) 拒否設定の登録が完了します。[トップへ戻る]をタップすると、手順③の画面に戻ります。

Xperia 1 V　Xperia 10 V

Application

＋メッセージ (SMS) を利用する

「＋メッセージ（SMS）」アプリでは、携帯電話番号を宛先にして、テキストや写真などを送信できます。「＋メッセージ（SMS）」アプリを使用していない相手の場合は、SMSでやり取りが可能です。

＋メッセージとは

「＋メッセージ（SMS）」アプリでは、＋メッセージとSMSが利用できます。＋メッセージでは文字が全角2,730文字、そのほかに100MBまでの写真や動画、スタンプ、音声メッセージをやり取りでき、グループメッセージや現在地の送受信機能もあります。パケットを使用するため、パケット定額のコースを契約していれば、とくに料金は発生しません。なお、SMSではテキストメッセージしか送れず、別途送信料もかかります。

また、＋メッセージは、相手も＋メッセージを利用している場合のみ利用できます。SMSと＋メッセージどちらが利用できるかは自動的に判別されますが、画面の表示からも判断することができます（下図参照）。

「＋メッセージ（SMS）」アプリで表示される連絡先の相手画面です。＋メッセージを利用している相手には、 $\circlearrowright$ が表示されます。プロフィールアイコンが設定されている場合は、アイコンが表示されます。

相手が＋メッセージを利用していない場合は、メッセージ画面の名前欄とメッセージ欄に「SMS」と表示されます（上図）。＋メッセージを利用している相手の場合は、何も表示されません（下図）。

+メッセージを利用できるようにする

① ホーム画面もしくはアプリ画面で [+メッセージ（SMS）] をタップ します。初回起動時は、+メッセー ジについての説明が表示されるの で、内容を確認して、[次へ] をタッ プしていきます。

② アクセス権限のメッセージが表示 されたら、[次へ] → [許可] の 順にタップします。

③ 利用条件に関する画面が表示さ れたら、内容を確認して、[すべ て同意する] をタップします。

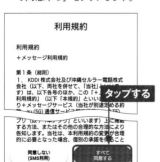

④ 「+メッセージ（SMS）」アプリに ついての説明が表示されたら、 左方向にスワイプしながら、内容 を確認します。

⑤ 「プロフィール（任意）」画面が 表示されます。名前などを入力し、 [OK] をタップします。プロフィー ルは、設定しなくてもかまいませ ん。

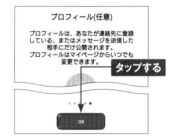

⑥ 「+メッセージ（SMS）」アプリが 起動します。

メッセージを送信する

① P.79手順①を参考にして、「＋メッセージ（SMS）」アプリを起動します。新規にメッセージを作成する場合は、[メッセージ] をタップして⊕をタップします。

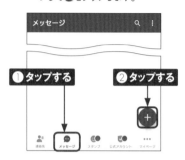

② [新しいメッセージ] をタップします。

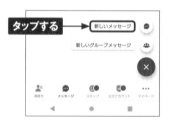

③ 「新しいメッセージ」画面が表示されます。メッセージを送りたい相手をタップします。「名前や電話番号を入力」をタップし、電話番号を入力して、送信先を設定することもできます。

④ [メッセージを入力] をタップして、メッセージを入力し、●をタップします。

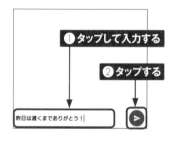

⑤ メッセージが送信され、画面の右側に表示されます。

MEMO　写真やスタンプの送信

「＋メッセージ（SMS）」アプリでは、写真やスタンプを送信することもできます。写真を送信したい場合は、手順④の画面で⊕→🖼の順にタップして、送信したい写真をタップして選択し、●をタップします。スタンプを送信したい場合は、手順④の画面で☺をタップして、送信したいスタンプをタップして選択し、●をタップします。

■ メッセージを返信する

(1) メッセージが届くと、ステータスバーにも受信のお知らせが表示されます。ステータスバーを下方向にスライドします。

スライドする

(2) 通知パネルに表示されているメッセージの通知をタップします。

タップする

(3) 受信したメッセージが画面の左側に表示されます。メッセージを入力して、●をタップすると、相手に返信できます。

①入力する **②タップする**

MEMO 「メッセージ」画面からのメッセージ送信

「+メッセージ（SMS）」アプリで相手とやり取りすると、「メッセージ」画面にやり取りした相手が表示されます。以降は、「メッセージ」画面から相手をタップすることで、メッセージの送信が行えます。

タップする

Application

Gmailを利用する

本体にGoogleアカウントを登録しておけば（Sec.12参照）、すぐにGmailを利用することができます。パソコンでラベルや振分け設定を行うことで、より便利に利用できます。

受信したメールを閲覧する

① ホーム画面で［Google］をタップし、［Gmail］をタップします。「Gmailの新機能」画面が表示された場合は、［OK］→［GMAILに移動］の順にタップします。

② Google Meetの紹介が表示されたら、［OK］をタップします。画面の上方向にスライドして、読みたいメールをタップします。

③ メールの差出人やメール受信日時、メール内容が表示されます。画面左上の←をタップすると、受信トレイに戻ります。なお、↩をタップすると、返信することもできます。

MEMO Googleアカウントの同期

Gmailを使用する前に、Sec.12の方法であらかじめ本体に自分のGoogleアカウントを設定しましょう。P.39手順⑮の画面で「Gmail」をオンにしておくと、Gmailも自動的に同期されます。すでにGmailを使用している場合は、受信トレイの内容がそのまま表示されます。

メールを送信する

① P.82を参考に「メイン」などの画面を表示して、[作成]をタップします。

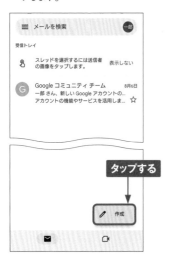

② メールの「作成」画面が表示されます。[To]をタップして、メールアドレスを入力して、→をタップします。「連絡帳」に登録済みのアドレスの場合は入力中に候補が表示されるので、候補をタップします。

③ 件名とメールの内容を入力し、▷をタップすると、メールが送信されます。

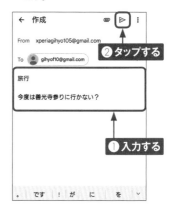

MEMO メニューの表示

「Gmail」の画面を左端から右方向にフリックすると、メニューが表示されます。メニューでは、「メイン」以外のカテゴリやラベルを表示したり、送信済みメールを表示したりできます。なお、ラベルの作成や振分け設定は、パソコンのWebブラウザで「https://mail.google.com/」にアクセスして行います。

Yahoo!メール・
PCメールを設定する

Application

「Gmail」アプリを利用すれば、パソコンで使用しているメールを
送受信することができます。ここでは、Yahoo!メールの設定方法と、
PCメールの追加方法を解説します。

Yahoo!メールを設定する

1 あらかじめYahoo!メールのアカウント情報を準備しておきます。P.82手順②の画面で画面左端から右方向にフリックし、[設定]をタップします。

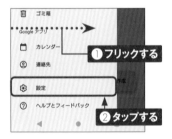

① フリックする
② タップする

2 [アカウントを追加する]をタップします。

← 設定
全般設定
xperiagihyo105@gmail.com
アカウントを追加する

タップする

3 [Yahoo]をタップします。

M
メールのセットアップ
G　Google
　　Outlook、Hotmail、Live
　　Yahoo
　　Exchange と Office 365
　　その他

タップする

4 Yahoo!メールのメールアドレスを入力して、[続ける]をタップし、画面の指示に従って設定します。

yahoo!

ログイン
Yahooアカウントを使用してロ
① 入力する
ユーザー名、メールアドレス、または携帯電話番
gihyoichi@yahoo.co.jp
続ける
自分のYahoo Japanメールア
するには「続ける」をタッ
② タップする

PCメールを設定する

(1) P.84手順③の画面で [その他] をタップします。

(2) PCメールのメールアドレスを入力して、[次へ] をタップします。

(3) アカウントの種類を選択します。ここでは、[個 人 用（POP3)] をタップします。

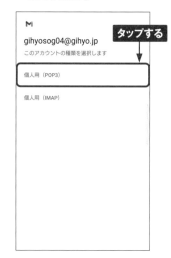

(4) パスワードを入力して、[次へ] をタップします。

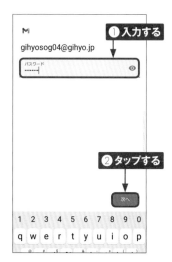

3

(5) 受信サーバーを入力して、[次へ]をタップします。

① 入力する

② タップする

(6) 送信サーバーを入力して、[次へ]をタップします。

① 入力する

② タップする

(7) 「アカウントのオプション」画面が設定されます。[次へ]をタップします。

タップする

(8) アカウントの設定が完了します。[次へ]をタップすると、P.84手順②の画面に戻ります。

タップする

MEMO アカウントの表示切り替え

設定したアカウントに表示を切り替えるには、「メイン」画面で右上のアイコンをタップし、表示したいアカウントをタップします。

Googleのサービスを
使いこなす

Google Playで
アプリを検索する

Application

Xperia 1 V / Xperia 10 Vは、Google Playに公開されている
アプリをインストールすることで、さまざまな機能を利用できます。
まずは、目的のアプリを探す方法を解説します。

アプリを検索する

1 Google Playを利用するには、
ホーム画面で[Playストア]をタッ
プします。

タップする

2 利用規約が表示されたら、[同意
する]をタップします。Google
Playのトップページが表示されま
す。画面下部の[アプリ]→[カ
テゴリ]をタップします。

❶タップする　❷タップする

3 「カテゴリ」画面が表示されます。
上下にスライドして、ジャンルを探
します。

スライドする

4 見たいジャンル（ここでは[エン
タメ]）をタップします。

タップする

5 「エンタメ」のアプリが表示されます。画面を上方向にスライドし、「人気のエンタメアプリ（無料）」の → をタップします。

6 「エンタメ」カテゴリの人気ランキングが表示されます。[無料]をタップすると、「人気（有料）」「売上トップ」のランキングに変更できます。詳細を確認したいアプリをタップします。

7 アプリの詳細な情報が表示されます。人気のアプリでは、ユーザーレビューも読めます。

MEMO　キーワードで検索する

Google Playでは、キーワードからアプリを検索できます。検索機能を利用するには、画面上部にある検索ボックスや Q をタップし、検索欄にキーワードを入力して、 Q をタップします。

4

アプリをインストール・アンインストールする

Application

Google Playで目的の無料アプリを見つけたら、インストールしてみましょう。なお、不要になったアプリは、アンインストール（削除）することもできます。

アプリをインストールする

(1) Google Playでアプリの詳細画面を表示し（Sec.29参照）、[インストール] をタップします。

(2) 「アカウント設定の完了」画面が表示されたら、[次へ] → [スキップ] をタップします。アプリのダウンロードとインストールが行われます。

(3) アプリを起動するには、インストール完了後、[開く] をタップするか、アプリ画面に追加されたアイコンをタップします。

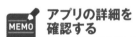

MEMO アプリの詳細を確認する

手順③の画面で [このアプリについて] をタップすると、アプリについての詳細な情報やバージョンを確認することができます。

■ アプリを更新・アンインストールする

●アプリを更新する

(1) Google Playのトップページで画面右上の●をタップし、表示されるメニューの [アプリとデバイスの管理] をタップします。

(2) 更新可能なアプリがある場合、「利用可能なアップデートがあります」と表示されます。[すべて更新] をタップすると、一括で更新されます。

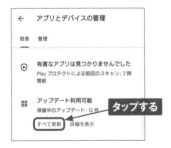

●アプリをアンインストールする

(1) 左側手順②の画面で [管理] をタップして、アンインストールしたいアプリ名をタップします。

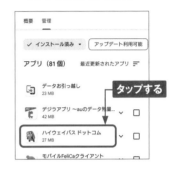

(2) [アンインストール] → [アンインストール] の順にタップするとアンインストールされます。ホーム画面やアプリ画面で、アプリアイコンをロングタッチして、画面上部の [アンインストール] にドラッグすることでもアンインストールできます。

 MEMO **アプリの自動更新を停止する**

初期設定では、Wi-Fi接続時にアプリが自動更新されるようになっています。自動更新しないように設定するには、上記左側の手順①の画面で [設定] → [ネットワーク設定] → [アプリの自動更新] をタップし、[アプリを自動更新しない] をタップします。

Application

有料アプリを購入する

有料アプリを購入する場合、キャリアの決済サービスやクレジットカードなどの支払い方法を選べます。ここでは電話料金と合算して支払える「au払い」で購入する方法を解説します。

au払いで有料アプリを購入する

(1) 有料アプリの詳細画面を表示し、アプリの価格が表示されたボタンをタップします。

(2) 支払い方法の選択画面が表示されます。ここでは [au/UQ/povo 払いを追加] をタップします。

(3) [有効] をタップします。

MEMO Google Play ギフトカード

コンビニなどで販売されている「Google Playギフトカード」を利用すると、プリペイド方式でアプリを購入できます。クレジットカードを登録したくないときに使うと便利です。利用するには、手順③で [コードの利用] をタップするか、事前にP.91左側の手順①の画面で [お支払いと定期購入] → [ギフトコードの利用] をタップし、カードに記載されているコードを入力して [コードを利用] をタップします。

④ 「氏名」欄と「郵便番号」欄に入力して［保存］をタップします。

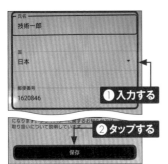

① 入力する

② タップする

⑤ ［購入］をタップします。

タップする

⑥ Sec.12で設定したGoogleアカウントのパスワードを入力し、［確認］をタップします。

① 入力する

② タップする

⑦ 認証についての画面が表示されたら、［常に要求する］もしくは［要求しない］をタップします。［OK］→［OK］をタップすると、アプリのダウンロード、インストールが始まります。

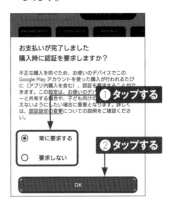

① タップする

② タップする

購入したアプリを払い戻す

MEMO

有料アプリは、購入してから2時間以内であれば、Google Playから返品して全額払い戻しを受けることができます。P.91右側の手順①～②を参考に購入したアプリの詳細画面を表示し、［払い戻し］をタップして、次の画面で［払い戻しをリクエスト］をタップします。なお、払い戻しできるのは、1つのアプリにつき1回だけです。

タップする

4

93

Xperia 1 V   Xperia 10 V

Googleマップを
使いこなす

Application

Googleマップを利用すれば、自分の今いる場所や、現在地から
目的地までの道順を地図上に表示できます。なお、Googleマップ
のバージョンによっては、本書と表示内容が異なる場合があります。

■ 「マップ」アプリを利用する準備を行う

(1) P.18を参考に「設定」アプリを
起動して、[位置情報] をタップ
します。

(2) 「位置情報の使用」が ● の場
合はタップして ● にします。位置
情報についての同意画面が表示
されたら、[同意する] をタップし
ます。

(3) [位置情報サービス] → [Google
ロケーション履歴] の順にタップ
します。

(4) 「ロケーション履歴」が「オフ」
の場合は [オンにする] をタップ
して、[オンにする] → [OK] を
タップします。

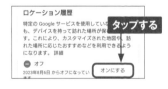

(5) 表示が「オン」に切り替わったら、
「マップ」アプリを使用する準備
は完了です。

現在地を表示する

1 ホーム画面で [Google] フォルダをタップして、[マップ] をタップします。「マップ」アプリが起動したら◎をタップします。

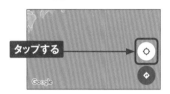

タップする

2 [正確] か [おおよそ] をタップして (ここでは [正確])、[アプリの使用時のみ] をタップします。これで「マップ」アプリが使えるようになります。

①タップする
正確　　おおよそ

アプリの使用時のみ
今回のみ
②タップする
許可しない

3 地図の拡大はピンチアウト、縮小はピンチインで行います。スライドすると表示位置を移動できます。

ピンチアウト/ピンチインする
スライドする

4 ◉をタップすると、現在地が表示されます。

タップする

MEMO　位置情報の精度を変更

P.94手順③の画面で [Google 位置情報の精度] をタップすると、「位置情報の精度を改善」で、位置情報の精度を変更ができます。●にすると、収集された位置情報を活用することで、位置情報の精度を改善することができます。

←

Google 位置情報の精度

位置情報の精度を改善　●

ⓘ

Google の位置情報サービスでは、Wi-Fi、モバイル

4

目的地までのルートを検索する

1 P.95手順④の画面で🔄をタップし、移動手段（ここでは🚌）をタップして、［目的地を入力］をタップします。出発地を現在地から変えたい場合は、［現在地］をタップして変更します。

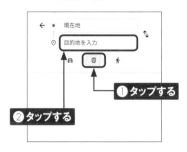

2 目的地を入力し、検索結果の候補から目的の場所をタップします。

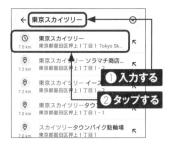

3 ルートが一覧表示されます。利用したい経路をタップします。

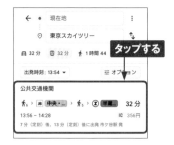

4 目的地までのルートが地図で表示されます。画面下部を上方向へフリックします。

5 ルートの詳細が表示されます。下方向へフリックすると、手順④の画面に戻ります。◀を何度かタップすると、経路検索の画面が閉じます。

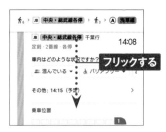

MEMO ナビの利用

「マップ」アプリには、「ナビ」機能が搭載されています。手順④に表示される［ナビ開始］をタップすると、「ナビ」が起動します。現在地から目的地までのルートを音声ガイダンス付きで案内してくれます。

■ 周辺の施設を検索する

1 P.95手順③〜④を参考に検索したい場所を表示し、検索ボックスをタップします。

2 探したい施設を入力し、🔍をタップします。

3 該当するスポットが一覧で表示されます。上下にスライドして、気になるスポット名をタップします。

4 選択した施設の情報が表示されます。上下にスライドすると、より詳細な情報を表示できます。

4

YouTubeで動画を楽しむ

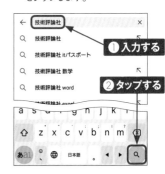

Application

世界最大の動画共有サイトYouTubeの動画は、「YouTube」アプリで視聴することができます。4K（2160P）の高画質の動画を再生可能で、一時停止や再生位置の変更も行えます。

YouTubeの動画を検索して視聴する

(1) ホーム画面で [YouTube] をタップします。

タップする

(2) YouTube Premiumに関する画面が表示された場合は、[スキップ] をタップします。YouTubeのトップページが表示されるので、🔍をタップします。

タップする

(3) 検索したいキーワード（ここでは「技術評論社」）を入力して、🔍をタップします。

Q 技術評論社
Q 技術評論社 itパスポート
Q 技術評論社 数学
Q 技術評論社 word

❶入力する
❷タップする

(4) 検索結果一覧の中から、視聴したい動画のサムネイルをタップします。

タップする

インターネットで動画を見てみよう
kantan09・750 回視聴・2 年前

⑤ 再生が始まります。端末を横に傾けると画面端に 🔲 が表示されるので、タップすると、全画面表示になります。画面をタップします。

タップする

⑥ メニューが表示されます。⏸ をタップすると一時停止します。⌄ をタップします。

タップする

タップして一時停止

⑦ 再生画面がウィンドウ化され、動画を再生しながら視聴したい動画の選択操作ができます。動画再生を終了するには、✕ をタップするか、◀ を何度かタップしてYouTubeを終了します。

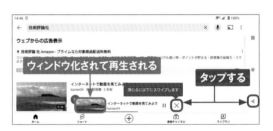

ウィンドウ化されて再生される

タップする

4

■ YouTubeの操作

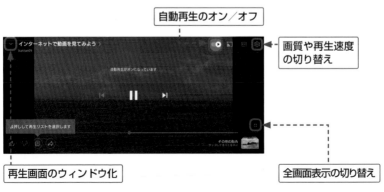

自動再生のオン／オフ

画質や再生速度の切り替え

再生画面のウィンドウ化

全画面表示の切り替え

Application

紛失したデバイスを探す

本体を紛失してしまっても、パソコンから本体がある場所を確認できます。なお、この機能を利用するには事前に位置情報を有効にしておく必要があります（P.94参照）。

「デバイスを探す」を設定する

(1) アプリ画面を表示して［設定］をタップします。

タップする

(2) ［セキュリティ］をタップします。

タップする

🎨 壁紙
ホーム、ロック画面

† ユーザー補助
スクリーンリーダー、表示、操作

🔒 セキュリティ
指紋設定

(3) ［デバイスを探す］をタップします。

セキュリティ ステータス

タップする

⊘ Google Play プロテクト
前回のアプリのスキャン: 14:25

⊙ デバイスを探す
ON

(4) 機能が有効になっているか確認します。◯の場合はタップして◯にします。

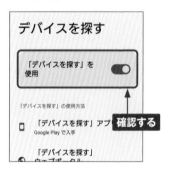

デバイスを探す

「デバイスを探す」を
使用

確認する

「デバイスを探す」の使用方法

📱 「デバイスを探す」アプリ
Google Play で入手

「デバイスを探す」
ウェブポータル

MEMO　パソコンから探す

本体を紛失した際は、パソコンのWebブラウザで「Googleデバイスを探す」（https://www.google.com/android/find?u=0）にアクセスします。紛失したデバイスに設定されたGoogleアカウントとパスワードでログインすると、デバイスの位置が地図上に表示されます。

4

auのサービスを
使いこなす

My auで利用料金を確認する

Application

My au

「My au」アプリでは、契約内容の確認や変更などのサービスが利用できます。なお、契約内容の確認や変更には、最初に下記の手順でau IDでログインする必要があります。

My auにアクセスする

1 アプリ画面で［My au］をタップします。

2 ［au IDでログインする］をタップします。ログイン情報の入力や利用許諾画面が表示されるので、画面の指示に従って操作します。

3 ［はじめる］をタップします。

4 「My au」のトップ画面が表示されます。

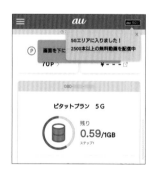

■ 利用料金を確認する

① P.102手順①を参考に[My au]をタップします。

タップする

② 「My au」のトップ画面が表示されます。画面中部の[もっとみる]をタップします。「ご利用状況」欄の[通話料]をタップします。

① タップする

② タップする

③ 通話料やパケット通信量の詳細が確認できます。

5

MEMO auのサービスについて調べる

手順②の画面で、右下の⚲をタップすると、auの商品やサービスについてわからないことを調べることができます。

103

auスマートパスプレミアムを利用する

Application

auは、スマートフォンユーザー向けに、アプリや各種サービスが利用できる「auスマートパスプレミアム」というサービスを提供しています。

■ 「auスマートパスプレミアム」のサービス

auスマートパスプレミアムは、auが提供する月額499円（税抜）のスマートフォン向けのサービスです。トップページのタイムラインから便利で楽しい情報を見ることができます。さらに、音楽・映像・書籍が使い放題になるサービス（利用できるコンテンツには制限あり）や、コンビニやファストフードや全国の飲食店で利用できるクーポンなどが利用できます。また、また、乗換案内や天気予報の有料サービスも使い放題になります。さらに、スマートフォンからのデータ復旧や、本体の修理代金の割引といったサービスも提供しています。

	サービス内容
アプリ／ Webアプリ	アプリ・Webコンテンツがauスマートパスプレミアムの料金で、使い放題で利用できます。なお、auスマートパスを解約すると、ダウンロードした会員限定アプリは自動的に削除され利用できなくなります。
会員特典	映像・音楽・書籍などのデジタルコンテンツ、ライブチケットの先行予約、「au PAY」で利用できる割引クーポン、「au PAYマーケット」の優待セールや送料無料サービスなどが利用できます。
あんしんサービス	データ復旧やバックアップ、修理・交換代金のサポート、セキュリティ関連のサービスが利用できます。

MEMO auスマートパス

auスマートパスプレミアムとは別に、月額372円（税抜）の「auスマートパス」というサービスがあります。auスマートパスも、スマートフォン向けに使い放題のアプリや特典を提供するもので、auスマートパスプレミアムは、auスマートパスの豪華版という位置付けでした。ただし、auスマートパスは2020年10月1日より新規受付を停止しているため、現在は利用できません。

auスマートパスプレミアムに申し込む

① 「Chrome」アプリを起動し、画面上部の⌂をタップします。

② 「au Webポータル」のトップページが表示されます。右上の［メニュー］をタップし、画面をスライドして、画面下の［各種サービス入会・退会］をタップします。

③ auスマートパスプレミアムの［入会／変更］をタップします。au IDのログイン画面が表示されたら、画面の指示に従いログインします。

④ ［今すぐはじめる］をタップします。

⑤ ［規約に同意して次に進む］をタップします。「ご利用内容の確認」画面が表示されるので、暗証番号を入力して［登録する］をタップします。

⑥ ［次へ］をタップし、次の画面で［同意する］をタップすると、入会が完了します。

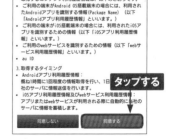

■ auスマートパスプレミアムの利用を開始する

1 アプリ画面で［auスマートパス］をタップします。

2 「アップデートのお願い」が表示されたら、［はい］をタップして、「Google Play」アプリを利用してアップデートします。「auスマートパス」画面が表示されたら、利用規約を確認して、［同意する］をタップします。

3 「初期設定」画面が表示されたら、［設定する］をタップします。

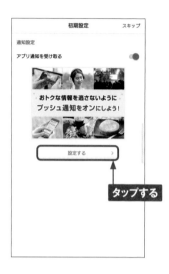

4 初期設定が終了し、「auスマートパスプレミアム」のトップ画面が表示されます。

■ auスマートパスプレミアムを退会する

(1) P.105手順①を参考にして、「Chrome」アプリで「au Web ポータル」のトップページを表示し、右上の[メニュー]をタップします。

(2) [各種サービス入会・退会]をタップします。

(3) 「auスマートパスプレミアム」の[退会]をタップします。

(4) 注意事項を確認したら、上方向にスライドし、[退会する]をタップします。

(5) 確認画面が表示されるので、内容を確認して問題がなければ[退会する]をタップします。確認画面が表示されたら、暗証番号を入力して[OK]をタップします。

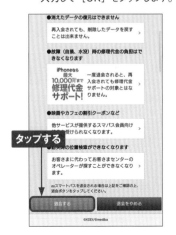

5

auスマートパスプレミアムで お得なクーポンを利用する

auスマートパスプレミアムでは、お得なクーポンを入手することができます。クーポンは、全国のコンビニや映画館、ファストフード店など、さまざまな場所で利用できます。

クーポンを探して発行する

(1) アプリ画面で［auスマートパス］をタップします。

(2) ［クーポン］をタップします。

(3) クーポンが一覧表示されます。検索ボックスの下の部分を左右にスライドし、ジャンル（ここでは［グルメ］）をタップします。

MEMO　サービスや店舗から探す

ジャンルの下の部分を左右にスライドし、サービスや店舗のロゴをタップすると、そのサービスや店舗で使えるクーポンを表示できます。

④ 「グルメ」ジャンルのクーポンが一覧表示されます。画面を上下にスライドし、欲しいクーポンをタップします。

⑤ クーポンの詳細が表示されます。使用条件などを確認し、[クーポンを使用する]をタップします。

⑥ [発行する]をタップすると、クーポンが発行されます。

5

MEMO お気に入りに追加する

手順⑤の画面で[お気に入りに追加する]をタップすると、クーポンをお気に入りに追加できます。クーポンを後で利用したい場合は、お気に入りに追加しておくと便利です。

au PAYを利用する

Application

QRコードを使って支払いができる決済サービス「au PAY」が利用できます。また、店舗やネットショッピングで利用できる「au PAYプリペイドカード」の申し込みができます。

au PAYの初期設定をする

1 ホーム画面で [au PAY] をタップします。「許可」画面が表示されたら [同意する] をタップし、通知に関しての画面が表示されたら [OK] をタップします。

タップする

2 [ログイン/新規登録] をタップします。

au PAY でかんたん、便利
おトクにお支払いできる

タップする

ログイン/新規登録

3 [OK] をタップして、au IDでログインします。

ログイン

次のau IDでログインします。

au ID
070

タップする

OK

4 「情報登録」画面が表示されたら、ローマ字氏名、メールアドレスを入力します。au PAYプリペイドカードの申し込みの [あり] [なし] をタップして選択し、[入力完了] をタップします。

連絡先メールアドレス

@gmail.com

@gmail.com

au PAY プリペイドカードの申し込み ❶入力する

○ あり　　◉ なし ❷タップする

au PAY プリペイドカードは国内外のMastercard加盟店やネットショッピングなどでご利用いただけます。
発行費用、年会費は無料です。 ❸タップする

※au PAY プリペイドカードをお申し込み……
も、au PAY アプリ上 からお申し込みいただけます。

入力完了

(5) 利用規約をタップして確認し、[利用規約に同意する] をタップしてチェックを付け、[申し込む] をタップします。次の画面で[OK]をタップします。

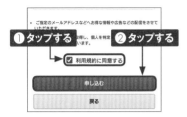

(6) 「サービス利用規約」画面が表示されるので、規約をタップして読み、[規約の内容を確認しました] をタップしてチェックを付け、[同意する] をタップします。次の画面で [次へ] をタップします。

(7) Pontaカードを所持している場合、[お持ちのPontaカードと連携する] をタップして連携します。[新しいPontaカードを発行する] をタップすると、Ponta IDが発行されます。連携をしない場合は、[後で手続きする] をタップします。

(8) 位置情報の許可を求められるので、[同意する] → [アプリの使用時のみ] の順にタップします。次のページでは [スキップ] をタップします。

(9) ホームが表示されます。[チャージ] をタップして、残高をチャージすると店頭で支払いができるようになります。

Xperia 1 V Xperia 10 V

デジラアプリで データ容量を確認する

Application

auの「デジラ」アプリを利用すると、今月分の残りのデータ容量を確認できるほか、追加購入でデータ容量を増やしたり、余ったデータ容量をプレゼントしたりすることもできます。

デジラアプリを利用する

(1) アプリ画面で[デジラアプリ]をタップします。

(3) 個人情報の取り扱いに関しての説明が表示されるので、[承諾する]→[同意する]をタップします。

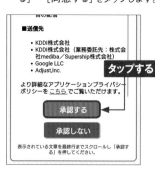

(2) [確認する]→[許可]をタップすると、au IDが表示されるので、[OK]をタップしてログインします。

(4) 画面の指示に従って進めて設定を完了します。画面中央には今月分の残りのデータ容量が表示されます。

■ データ容量を追加購入する

(1) [ふやす] をタップします。初回のみ利用方法の説明が表示されるので、確認します。メニューが表示されたら、[データチャージ] をタップします。

(2) データ容量や有効期間、金額が表示されます。▽をタップします。

(3) 購入したいデータ容量を選択して、[選択] をタップします。手順②の画面に戻るので、[決済画面へ進む] をタップします。

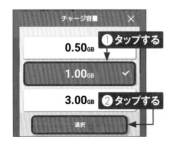

(4) 暗証番号を入力し、[支払う] をタップすると、データ容量を購入できます。なお、支払い方法を通信料金との合算以外に設定することもできます。

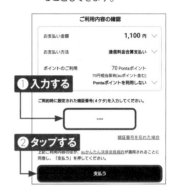

MEMO データ容量をプレゼントする

データ容量が余っている場合は、[あげる]→[データギフト]をタップすることで、auのスマホを利用している家族にプレゼントできます。なお、[データプレゼント]をタップすると、余ったデータ容量は渡せないものの、家族以外の人にプレゼントすることもできます。

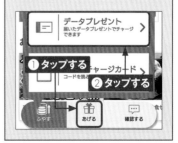

5

113

Section **40** Xperia 1 V Xperia 10 V

データを バックアップする

Application

「データお預かり」アプリを利用すると、さまざまなデータを保存・復元することができます。「auスマートパスプレミアム」会員であれば、50GBまで無料で利用できます。

データお預かりを利用する

1 Sec.29 ～ 30を参考に「データお預かり」アプリをインストールします。アプリ画面で［データお預かり］をタップします。

2 初回は案内画面が表示されます。［同意してはじめる］をタップします。画面の案内に従って進めます。

3 「データお預かり」アプリのメイン画面が表示されます。ここで、利用容量を確認することができます。

MEMO バックアップできるデータ

データはauのサーバー、または本体に装着したmicroSDカードにバックアップできます。預けられるデータは、写真や動画はもちろん、アドレス帳（最大3000件）、auメール、SMSなど多岐に渡ります（https://www.au.com/mobile/service/data-oazukari/）。

114

■ データを預ける・復元する

●データを預ける

1 ここでは、auサーバーにデータを預けます。P.114手順③の画面で [預ける] をタップすると、この画面が表示されるので、預けるデータを選択し、[預ける] をタップします。

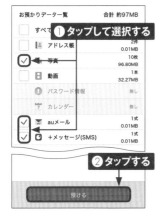

2 バックアップが開始され、終了するとこの画面が表示されるので、[完了] をタップします。

●データを復元する

1 預けたデータを復元するには、P.114手順③の画面で [戻す] をタップすると、この画面が表示されるので、復元するデータを選択し、[戻す] をタップします。

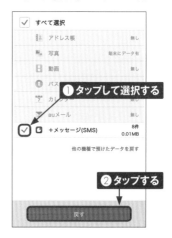

2 [完了] をタップします。

au 5Gチャンネルを利用する

Xperia 1 V ／ Xperia 10 Vには、XRコンテンツから豊富なジャンルで構成された話題の動画まで、5Gエンタメを手軽に楽しめる「au 5Gチャンネル」アプリがインストールされています。

Application

5

au 5Gチャンネルを利用する

① アプリ画面で [au 5Gチャンネル] をタップします。通知の送信の許可を求められたら、[許可] をタップします。

タップする

あんしんフィルター for au　au Wi-Fiアクセス　サービスToday　au 5Gチャンネル

② 利用規約画面が表示されたら、[同意する] をタップします。

5Gチャンネル」アプリ（以下「本アプリ」と
いいます。）上で「au 5Gチャンネル　タップする
「本サービス」といい、本アプリと「
「本サービス等」といいます。）を提供しま
す。当社が本サービス等の円滑な運用を図る

キャンセル　　　同意する

③ プロフィール画面で興味ある内容を選択後、[完了] をタップします。

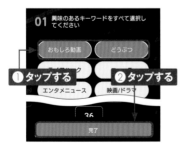

01 興味のあるキーワードをすべて選択してください

おもしろ動画　　どうぶつ

❶タップする　　　❷タップする

エンタメニュース　映画/ドラマ

36

完了

④ プロフィール画面でチェックを入れたおすすめ動画が表示されます。

MEMO　5Gマップを表示する

[au 5Gチャンネル] では、手順④の画面で [5Gマップ] をタップすると、エンタメ動画の視聴のほか、現在いる地点が5Gエリアかどうかを確認することができます。

音楽や写真・動画を楽しむ

パソコンから音楽・写真・動画を取り込む

Application

Xperia 1 V ／ 10 VはUSB Type-Cケーブルでパソコンと接続して、本体メモリやmicroSDカードに各種データを転送することができます。お気に入りの音楽や写真、動画を取り込みましょう。

パソコンと接続する

(1) パソコンとXperia 1 V ／ 10 Vを USB Type-Cケーブルで接続します。パソコンでドライバーソフトのインストール画面が表示された場合はインストール完了まで待ちます。ステータスバーを下方向にドラッグします。

ドラッグする

(2) [このデバイスをUSBで充電中] をタップします。

タップする

(3) 通知が展開されるので、再度 [このデバイスをUSBで充電中] をタップします。

タップする

(4) 「USBの設定」画面が表示されるので、[ファイル転送] をタップすると、パソコンからXperia 1 V ／ 10 Vにデータを転送できるようになります。

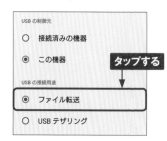

タップする

■ パソコンからデータを転送する

1 パソコンでエクスプローラーを開き、「PC」にある [SOG11] (または [SOG10]) をクリックします。

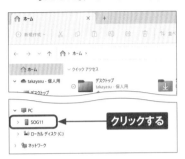

2 [内部共有ストレージ] をダブルクリックします。microSDカードを挿入している場合は、「SDカード」と「内部共有ストレージ」が表示されます。

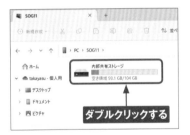

3 本体内のフォルダやファイルが表示されます。

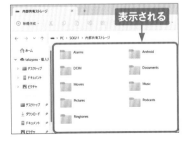

4 パソコンからコピーしたいファイルやフォルダをドラッグします。ここでは、音楽ファイルが入っている「音楽」というフォルダを「Music」フォルダにコピーします。

6

5 ファイルがコピーされます。コピーが完了したら、パソコンからUSB Type-Cケーブルを外します。画面はコピーしたファイルをXperia 1 V / 10 Vの「ミュージック」アプリで表示したところです。

本体内の音楽を聴く

Application

本体内に転送した音楽ファイル（Sec.42参照）は「ミュージック」アプリで再生することができます。ここでは、「ミュージック」アプリでの再生方法を紹介します。

音楽ファイルを再生する

1 アプリ一覧画面で［Sony］フォルダをタップして、［ミュージック］をタップします。初回起動時は、［許可］をタップします。

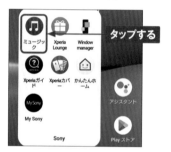

2 ホーム画面が表示されます。画面左上の三をタップします。

3 メニューが表示されるので、ここでは［アルバム］をタップします。

4 端末に保存されている楽曲がアルバムごとに表示されます。再生したいアルバムをタップします。

(5) アルバム内の楽曲が表示されます。ハイレゾ音源（P.128参照）の場合は、曲名の右に「HR」と表示されています。再生したい楽曲をタップします。

(6) 楽曲が再生され、画面下部にコントローラーが表示されます。サムネイル画像をタップすると、ミュージックプレイヤー画面が表示されます。

ミュージックプレイヤー画面の見方

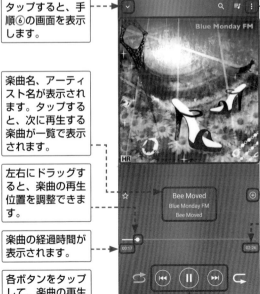

タップすると、手順⑥の画面を表示します。

楽曲情報の表示などができます。

アルバムアートワークがあればジャケットが表示されます。左右にスワイプすると、次曲／前曲を再生できます。

楽曲名、アーティスト名が表示されます。タップすると、次に再生する楽曲が一覧で表示されます。

左右にドラッグすると、楽曲の再生位置を調整できます。

プレイリストに追加できます。

楽曲の全体時間が表示されます。

楽曲の経過時間が表示されます。

各ボタンをタップして、楽曲の再生操作を行えます。

Application

ハイレゾ音源を再生する

「YT Music」アプリや「ミュージック」アプリでは、ハイレゾ音源を再生することができます。また、設定により、通常の音源でもハイレゾ相当の高音質で聴くことができます。

■ ハイレゾ音源の再生に必要なもの

Xperia 1 V ／ 10 Vでは、本体上部のヘッドセット接続端子にハイレゾ対応のヘッドホンやイヤホンを接続したり、ハイレゾ対応のBluetoothヘッドホンを接続したりすることで、高音質なハイレゾ音楽を楽しむことができます。ハイレゾ音源は、Sec.29 〜 30の方法でインストールできる「mora」アプリやインターネット上のハイレゾ音源販売サイトなどから購入することができます。ハイレゾ音源の音楽ファイルは、通常の音楽ファイルに比べて容量が大きいので、microSDカードを利用して保存するのがおすすめです。

また、ハイレゾ音源ではない音楽ファイルでも、DSEE Ultimateを有効にすることで、ハイレゾ音源に近い音質（192kHz/24bit）で聴くことが可能です（P.123参照）。

「Amazon Music HD」などのハイレゾ音源対応ストリーミングアプリを利用すれば、定額でハイレゾ音源が聴き放題になります。

MEMO　音楽ファイルをmicroSDに移動するには

本体メモリ（内部共有ストレージ）に保存した音楽ファイルをmicroSDカードに移動するには、「設定」アプリを起動して、[ストレージ] → [音声] → [続行]の順にタップします。移動したいファイルをロングタッチして選択したら、■→[移動] → [SDカード] →転送したいフォルダ→ [ここに移動] の順にタップします。これにより、本体メモリの容量を空けることができます。

■ 通常の音源をハイレゾ音源並の高音質で聴く

(1) アプリ画面で［設定］をタップします。

(2) ［音設定］をタップします。

(3) ［オーディオ設定］をタップします。

(4) ［DSEE Ultimate］をタップして、⬜を●に切り替えます。

MEMO **DSEE Ultimateとは**

DSEEはソニー独自の音質向上技術で、音楽や動画・ゲームの音声を、ハイレゾ音質に変換して再生することができます。MP3などの音楽のデータは44.1kHzまたは48kHz/16bitで、さらに圧縮されて音質が劣化していますが、これをAI処理により補完して192kHz/24bitのデータに拡張してくれます。DSEE Ultimateではワイヤレス再生にも対応したので、LDAC／aptX HD／aptX Adaptiveに対応したBluetoothヘッドホンでも効果を体感できます。

MEMO **立体音響を楽しむ**

手順④の画面で［360 Reallity Audio］をタップしてオンにすると、対応ヘッドホン限定で通常の音楽ファイルを立体音響で楽しむことができます。また、［360 Upmix］をオンにするとストリーミングサービスの音楽を立体音響で再生できます。また、Xperia 1 Vでは、［Dolby Sound］をオンにすると、ゲームなどのサウンドも立体的に鳴らすことができます。

6

Xperia 10 Vで
写真や動画を撮影する

Application

Xperia 10 Vは高解像度・高感度の最新式カメラを搭載しています。「フォト」や「ビデオ」などの撮影モードのほか、さまざまな撮影アプリを利用することができます。

■「カメラ」アプリの初期設定を行う

(1) ホーム画面で◉をタップします。

(2) 「撮影場所を記録しますか?」と表示されたら、[いいえ]もしくは[はい] → [アプリ使用時のみ]をタップします（P.125MEMO参照）。

(3) 位置情報のアクセスに関する画面が表示されたらいずれかをタップし、[次へ] → [次へ] → [OK]をタップします。

(4) 「カメラ」アプリが起動して利用可能になります。

■ 写真を撮影する

① P.124を参考に「カメラ」アプリを起動します。ピンチイン/ピンチアウトすると、ズームアウト/ズームインでき、画面上に倍率が表示されます。

② ピントを合わせたい場所がある場合は、画面をタップするとすぐにピントが合います。○をタップすると、写真を撮影します。

③ 撮影が終わると、画面右上に撮影した写真のサムネイルが表示されます。撮影を終了するには▼（本体が縦向きの場合は◀）をタップします。

MEMO ジオタグの有効/無効

P.124手順②で［はい］→［アプリの使用中のみ］をタップすると、撮影した写真に自動的に撮影場所の情報（ジオタグ）が記録されます。自宅や職場など、位置を知られたくない場所で撮影する場合は、オフにしましょう。ジオタグのオン/オフは、手順①の画面で左上の🔧をタップして、［位置情報を保存］をタップすると変更できます。

■「カメラ」アプリの画面の見方

❶	フラッシュの設定ができます。	❾	最近使った撮影モードのアイコンが表示され、タップすると切り替わります。
❷	セルフタイマーを設定します（P.129参照）。	❿	画面をスワイプすると「フォト」モードと「ビデオ」モードを切り替えることができます。
❸	ナイト撮影の設定ができます。		
❹	ぼけ効果の設定ができます。	⓫	メインカメラとフロントカメラを切り替えることができます。
❺	明るさや色合いが変更できます。	⓬	撮影モード（P.127参照）を切り替えることができます。
❻	設定項目が表示されます。		
❼	位置情報保存中など本体の状態を表すアイコンが表示されます。	⓭	写真や動画を撮影します。動画撮影中は一時停止・停止ボタンが表示されます。
❽	タップするか左右にドラッグしてレンズを切り替えることができます。	⓮	直前に撮影した写真や動画がサムネイルで表示されます。

撮影モードを変更する

(1) 「フォト」「ビデオ」以外のモードに変更する場合は、[モード](P.126 ⑫参照) をタップして、変更したいモードをタップします。

(2) 選択したモードから「フォト」モードに戻る場合は、←をタップします。

タップする

●利用できるモード

Google Lens		植物や書籍などを撮影して被写体の情報を表示したり、テキストを撮影してコピーや翻訳などをしたりすることができます(P.144参照)。
スローモーション	((●	ここぞという場面を120コマ／秒のスローモーション動画にすることができます。
マニュアル	↑↓↑	ピント位置やシャッタースピード、ISO値、ホワイトバランス、露出補正を固定した高度な撮影ができます。
パノラマ		カメラを動かしながら撮影して、通常より広い範囲を1枚の写真で撮影できます。

MEMO　連写で撮影する

「フォト」モードのとき、◯をロングタッチすると、1秒間に最高10枚の高速連写で撮影できます。連写で撮影した写真は、「フォト」アプリ(Sec.48参照)でひとかたまりの写真として閲覧できます。

🎬 動画を撮影する

(1) 「カメラ」アプリを起動し、画面を下方向にスワイプして「ビデオ」に切り替えます。

(2) ◎をタップすると、動画の撮影がはじまります。

(3) 動画の録画中は画面左下に録画時間が表示されます。◎をタップすると、撮影が終了します。

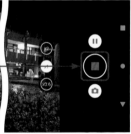

MEMO 動画撮影中に写真を撮るには

動画撮影中に◎をタップすると、写真を撮影することができます。写真を撮影してもシャッター音は鳴らないので、動画に音が入り込む心配はありません。

■ セルフタイマーで撮影する

(1) P.124を参考に「カメラ」アプリを起動し、画面上部の◎をタップして、セルフタイマーの設定メニューを開きます。

タップする

(2) セルフタイマーの秒数（ここでは[3秒]）をタップします。

タップする

(3) セルフタイマーが設定されました。

セルフタイマーがセットされた

(4) シャッターボタンのアイコンがタイマーの形に変わります。タップすると、3秒後に撮影が行われます。

タップする

6

■ レンズを切り替える

① 「カメラ」アプリを
起動し、「フォト」
もしくは「ビデオ」
モードにします。標
準では「広角」レ
ンズが選択されて
います。「望遠」
レンズに切り替える
には、[x2] をタッ
プします。

② 「望遠」レンズにな
りました。「超広角」
に切り替えるには、
[x0.6] をタップし
ます。

③ 「超広角」レンズ
になりました。[x1]
をタップすると「広
角」に戻ります。さ
らにズームしたいと
きは、アイコンをロ
ングタッチします。

④ スライダーが表示さ
れ、ドラッグすると
最大10倍までズー
ム倍率を変更する
ことができます。な
お、ズームの設定
は、再度「カメラ」
アプリを起動する
と、リセットされま
す。

■ 夜景を撮影する

① 「カメラ」アプリを起動し、■をタップし、[オート]または[ON]を選択します。

② ■をタップして撮影をはじめます。

③ 「撮影中です。そのままお待ちください。」と表示されるので、Xperia 10 Vを固定したまましばらく待つと、撮影が終了します。

MEMO 夜景を撮影するコツ

ナイト撮影では撮影が終わるまで数秒かかるので、動かないように台座や三脚で固定しましょう。撮影ボタンをタップするときもブレやすいので、画面端の■をタップして[セルフタイマー]を設定すると良いでしょう。また、最も明るい「広角」レンズに切り替えると、暗所ノイズを抑えることができます（P.130参照）。

Xperia 1 Vで
写真や動画を撮影する

Application

Xperia 1 Vでは、一眼デジカメと同等の機能を持つ「Photo Pro」アプリを利用できます。手軽に撮影できるベーシックモードと、デジカメのように使えるAUTO ／ P ／ S ／ Mモードがあります。

「Photo Pro」アプリを起動する

(1) ホーム画面で📷をタップします。初回起動時は説明が表示されるので、[次へ]をタップしていき、最後に[了解]をタップします。

世界中のお客様に選ばれ、共に歩んできた経験とそこで培われた技術があります。

Photography Proは、ソニーイメージングプロダクツによる、本格カメラの操作性や機能を追求しました。
あなたのクリエイティブな静止画撮影をサポートします。

タップする

スキップ ●●● 次へ

(2) 「撮影場所を記録しますか?」と表示されるので、記録したい場合は[はい]→[正確]→[アプリの使用時のみ]の順にタップします(P.125MEMO参照)。

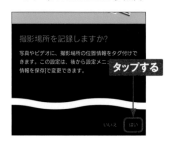

撮影場所を記録しますか?

写真やビデオに、撮影場所の位置情報をタグ付けできます。この設定は、後から設定メニューの情報を保存で変更できます。

タップする

いいえ はい

(3) 「Photo Pro」が起動します。起動時はベーシックモードの「フォト」モードになっています。

MEMO ベーシックモード

Xperia 1 Vでは、従来の「カメラ」アプリが廃止され、「Photo Pro」(正式名称Photography Pro) アプリに統合されました。「カメラ」アプリの写真と動画の撮影機能は、ベーシックモード(P.133 ～ 134参照)で利用できます。

■ ベーシックモードで写真を撮影する

(1) P.132を参考にして、「Photo Pro」アプリを起動します。ピンチイン/ピンチアウトするか、倍率表示部分をタップしてレンズを切り替えると、ズームアウト/ズームインできます。

(2) 画面をタップすると、タップした対象に追尾フォーカスが設定され、動いている被写体にピントが合い続けます。○をタップすると、写真を撮影します。

(3) 撮影が終わると、撮影した写真のサムネイルが表示されます。撮影を終了するには▼（本体が縦向きの場合は◀）をタップします。

MEMO ジオタグの有効/無効

P.132手順②で［はい］→［正確］→［アプリの使用中のみ］の順にタップすると、撮影した写真に自動的に撮影場所の情報（ジオタグ）が記録されます。自宅や職場など、位置を知られたくない場所で撮影する場合は、オフにしましょう。ジオタグのオン/オフは、手順①の画面で［MENU］をタップして、［位置情報を保存］をタップすると変更できます。

■ ベーシックモードで動画を撮影する

(1) 「Photo Pro」アプリを起動し、 をタップし、 になるようにして、「ビデオ」モードに切り替えます。

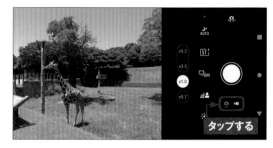

(2) レンズを切り替えていた場合、広角レンズ（×1.0）に戻ります。 をタップすると、動画の撮影がはじまります。

(3) 動画の録画中は画面左下に録画時間が表示されます。また、「フォト」モードと同様にズーム操作が行えます。 をタップすると、撮影が終了します。

録画時間が表示される

MEMO 動画撮影中に写真を撮るには

動画撮影中に をタップすると、写真を撮影することができます。写真を撮影してもシャッター音は鳴らないので、動画に音が入り込む心配はありません。

タップする

■「Photo Pro」アプリの画面の見かた

●ベーシックモード

●AUTO ／ P ／ S ／ Mモード

6

❶	撮影モードを変更できます（P.136参照）。	⓬	メインカメラとフロントカメラを切り替えます。	㉒	ISO感度。ISO感度を設定できます。
❷	メニューが表示され、保存先や撮影機能などを設定できます。	⓭	撮影ボタン。動画撮影中は停止・一時停止ボタンが表示されます。	㉓	測光モード。測光を行うエリアを変更できます。
❸	Google レンズ（P.144参照）を起動します。	⓮	「フォト」モード／「ビデオ」モードを切り替えます。	㉔	クリエイティブルック。6種類のルックから好みの仕上りを選択できます。
❹	その他の撮影方法を選べます（P.127参照）。	⓯	直前に撮影した写真がサムネイルで表示されます。		
❺	カメラが撮影対象を判断してシーンを表示します。	⓰	ヒストグラムと水準器を表示します。	㉕	ホワイトバランス。WBの設定やカスタムWBの登録を行います。
❻	カメラのレンズを切り替えます。	⓱	オンにするとAFが有効になります。	㉖	顔／瞳AF。顔検出／瞳AFのオン／オフが設定できます。
❼	縦横比を「4:3」「16:9」「1:1」「3:2」から選べます。	⓲	オンにすると露出を固定します（AEロック）。	㉗	DRO ／オートHDR。ダイナミックレンジ拡張の設定を変更できます。
❽	フラッシュの設定ができます。	⓳	フォーカスモード。AFの種類やMFを選択できます。	㉘	誤操作防止のために設定をロックできます。
❾	連続撮影やセルフタイマーの設定ができます。	⓴	フォーカスエリア。ピント合わせを行うエリアを変更できます。	㉙	各項目の設定パネルが表示されます。PモードではEV値が、S ／ MモードではSS（シャッタースピード）が標準で表示されています。
❿	背景をボカすボケ効果が利用できます。	㉑	EV値（露出値）。露出補正を行います。		
⓫	明るさや色合いを変更できます。				

135

■ 撮影モード

撮影モードはベーシックモードの
ほかに、P（プログラムオート）、
S（シャッタースピード優先）、
M（マニュアル露出）、AUTOの4
つと、登録した設定で撮影する
MR（メモリーリコール）がありま
す。Mモードでは、露出（明るさ）
も自由に設定できるので、星空
や花火も撮影できます。

●各モードで操作できる露出機能

	シャッタースピード	ISO感度	EV値
Pモード	×	○	○
Sモード	○	×	○
Mモード	○	○	○
AUTO	×	×	×

■ フォーカスモード

フォーカスモードはAF-Cと
AF-S、MFの3つがあります。
AF-Cは、シャッターキーを半押
ししている間かAF-ONをタップし
たときに被写体にピントが合い続
け、シャッターキーを深く押すと
撮影されます。ピントが合ってい
る部分は、小さい緑の四角
（フォーカス枠）で示されます。
被写体が動くときに使用します。

AF-Sでは、シャッターキーを半
押しするか、AF-ONをタップし
たときにピントと露出が固定され
ます。被写体が動かないときに
使用するほか、ピントを固定した
まま動かすことで、構図を変更
できます。また、どちらのモード
も画面をタップすると、追尾
フォーカス枠を表示できます。

■ レンズとズーム

超広角（16mm）、広角（24mm）、望遠（85mm-125mm）の3つのレンズを切り替えて使えます。

レンズ選択時に ▶ をタップすると、画面を上下にドラッグしてズームすることができます。ただし、ソフトウェアで拡大処理しているため、ズームインするほど画質が劣化します。

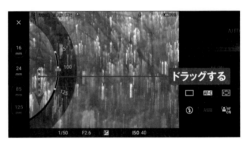

■ ドライブモード

連続撮影やセルフタイマーを設定します。「連続撮影」に設定した場合は、シャッターアイコンをタッチしている間は、連続撮影できます。

 写真のファイル形式

写真のファイル形式はJPEG形式とRAW形式、RAW+JPEG形式の3種類が選択できます。RAW形式を選択すれば、未加工の状態で写真を保存することができるので、Adobe LightroomなどのRAW現像ソフトを使ってより高度な編集を行うことができます。

Xperia 1 V Xperia 10 V

「Video Pro」で動画を撮影する

Application

Xperia 1 Vには、機動性と撮影の柔軟性を実現した「Videography Pro」（以降「Video Pro」）アプリが搭載されています。この「Video Pro」で思いのままに動画を撮影することができます。

🎞 動画を撮影する

(1) アプリ画面で [Video Pro] をタップします。アクセス許可が表示されたら、[許可] をタップします。説明画面が表示されたら、[次へ] を2回タップし、[了解] をタップします。後は画面の表示に従って進めます。撮影画面が表示されます。動画を撮影する場合は、[REC] をタップします。

(2) 「REC」の周りの円が赤くなり、撮影が開始されます。もう一度[REC]をタップすると、撮影が終了します。撮影した動画は「フォト」アプリなどから再生できます。

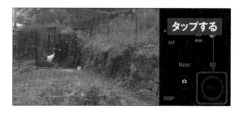

 MEMO 解像度やフレームレートを変更する

手順①の画面で [MEMU] をタップすると、使用するレンズやフレームレート、ビデオサイズ、スローモーションなどの撮影の基本機能を設定できます。撮影前に設定を変更しておきましょう。

■ 設定を変更する

❶	シャッタースピード。1/8000-1/30の間で15段階で設定できるほか、Autoも設定できます。	❼	Lock。タップして設定項目をロックし、誤動作を防ぐことができます。
❷	ISO感度。6400-25の間で16段階で設定できるほか、Autoも設定できます。	❽	オートフォーカス(AF)とマニュアルフォーカス(MF)を切り替えます。
❸	明るさ(AE)。-2.0から+2.0の間で、0.25ごとに調整できます。	❾	ズームスライダー。スライダーをドラッグするとズーム倍率を変更できます。左側のレンズ名をタップしてレンズを変更することもできます。
❹	ホワイトバランスを設定します。タップして表示される項目から選択できます。	❿	タップするとそのほかの設定ができます。
❺	メインカメラとフロントカメラを切り替えます。	⓫	クリエイティブルックなどを設定できます(MEMO参照)。
❻	Auto。オンにすると、シャッタースピード、ISO感度、ホワイトバランスを自動調整します。		

 クリエイティブルックとは

クリエイティブルックとは、「Photo Pro」と「Video Pro」アプリに備わっているルック(映像や動画の見た目や印象のこと)です。撮影時に設定しておくことで自分の思うような雰囲気のある写真や映像を撮影することができるようになります。Xperia 1 Vでは、「ST」「NT」「VV」「FL」「IN」「SH」の6種類から選択が可能です。

 Cinema Pro

Xperia 1 VにはPhoto ProやVideo Proのほかに「Cinema Pro」というアプリがあります。Cinema Proでは、プロ仕様のパラメーター設定やハイフレームレートなどの機能があり、映画のような本格的な動画を撮影できます。

Application

写真や動画を閲覧する

撮影した写真や動画は、「フォト」アプリで閲覧することができます。「フォト」アプリは、閲覧だけでなく、自動的にクラウドストレージに写真をバックアップする機能も持っています。

「フォト」アプリで写真や動画を閲覧する

(1) ホーム画面で、[フォト]をタップします。

(2) バックアップ（P.143参照）をオンにするか訊かれますが、ここでは[バックアップしない]をタップします。

思い出を安全に保存しましょう

写真と動画は Google アカウントに安全にバックアップされます

技術一郎
xperiagihyo104@gmail.com ⌄

タップする

[バックアップしない]　[バックアップをオンにする]

[設定]でいつでもバックアップをオフにできます。また、バックアップの画質の変更も可能です。
Google フォトはフェイス グルーピング機能を使用しています。詳細

(3) 本体のカメラで撮影した写真や動画が表示されます。動画には時間が表示されています。閲覧したい写真をタップします。

8月19日(土)

タップする

(4) 写真が表示されます。拡大したい場合は、写真をダブルタップします。また、タップすることで、メニューの表示／非表示を切り替えることができます。

ダブルタップする

⑤ 写真が拡大されました。P.140
手順③の画面に戻るときは、←
をタップします。

タップする

⑥ P.140手順③で動画をタップする
と、動画が再生されます。再生
を止めたいときなどは、動画をタッ
プします。

タップする

⑦ メニューが表示され、動画の再生
を一時停止したり、再生位置を
変更したりすることができます。

6

MEMO パソコンから コピーした写真の閲覧

Sec.42の方法でコピーした写
真は、P.140手順③の画面右
下にある [ライブラリ] をタップ
して、コピーしたフォルダ名を
タップすると閲覧できます。ま
た、スクリーンショット（Sec.63
参照）もここで閲覧できます。

■ 写真や動画を削除する

1 P.140手順③の画面で、削除したい写真か動画をロングタッチします。

2 選択した写真や動画にチェックが付きます。このとき、日にち部分をタップする、もしくは手順①で日にち部分をロングタッチすると、同じ日に撮影した写真や動画をまとめて選択することができます。[削除]をタップします。

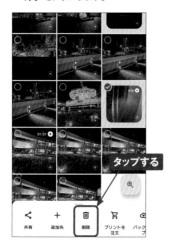

3 [ゴミ箱に移動]をタップします。

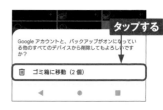

4 チェックを付けた写真や動画が削除されます。削除直後に表示される[元に戻す]をタップすると、削除がキャンセルされます。

> **MEMO　削除した写真や動画を復元する**
>
> このページの方法で写真を削除すると、写真はいったんゴミ箱に移動し、60日後に完全に削除されます。削除した写真を復元したい場合は、手順①で[ライブラリ]→[ゴミ箱]をタップし、復元したい写真をロングタッチして選択し、[復元]をタップします。なお、ゴミ箱の容量は1.5GBで、それを超えると、古いものから削除されます。

6

■ 写真をクラウドに保存する

1 P.140手順③の画面で、画面右上のアカウント部分をタップします。

タップする

2 [バックアップをオンにする] をタップします。初期設定では画質を変更せずに写真と動画を保存する [元の画質] が設定されています。

タップする

3 保存する画質のサイズを変更したい場合は、「バックアップ」画面の右上の設定をタップし、「バックアップの画質」→ [保存容量の節約画質] を選択します。

タップする

4 本体内にある写真がクラウドに保存されます。これ以降、撮影した写真や動画が自動保存されます（標準ではWi-Fi接続時のみ）。P.142の操作では、本体とクラウドから写真が削除（ゴミ箱に移動）されますが、[空き容量を増やす] をタップすると、本体の写真だけ削除され、クラウドには残ります。

6

MEMO 「保存容量の節約画質」と「元のサイズ」の違い

手順③の [保存容量の節約画質] を選択すると、保存される写真は圧縮され、16Mピクセル以上の写真は16Mピクセルまで縮小されます。動画は1080pより大きい場合は、1080pに調整されます。一方、[元のサイズ] はオリジナルのまま保存できます。なお、クラウドに保存できる容量は、Googleドライブの容量の上限までとなります（無料で15GB）。

Google レンズで被写体の情報を調べる

1 P.140手順④を参考に、情報を調べたい写真を表示し、■をタップします。

2 調べたい被写体をタップします。

3 表示される枠の範囲を必要に応じてドラッグして変更すると、画面下に検索結果が表示されるので、上方向にスワイプします。

4 検索結果が表示されます。◀をタップすると手順③の画面に戻ります。

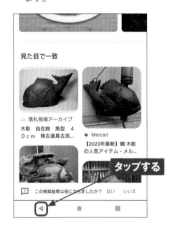

Xperia 1 V ／ 10 Vを使いこなす

ホーム画面を カスタマイズする

Application

ホーム画面には、好きなアプリのショートカットを自由に配置してアプリをすばやく起動することができます。また、フォルダを作成して、ショートカットをまとめることもできます。

アプリアイコンを並べ替える

(1) アプリ画面を表示し、 :: をタップして、[アプリの並び順] をタップします。

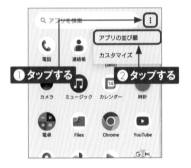

(2) アプリの並べ替え方法のメニューが表示されるので、並べ替え方法（ここでは [名前順]）をタップします。

(3) 名前順にアプリが並べ替えられました。なお、もとに戻すには、手順②の画面で [カスタム] をタップします。

MEMO カスタム以外で並べ替えている場合

手順②で [カスタム] 以外を選択した場合、アプリ画面でももともと作成されている「Google」や「auサービス」などのフォルダはなくなった状態で、すべてのアプリが表示されます。なお、本書はすべて [カスタム] の表示で解説しています。

■ ショートカットを作成・移動する

① アプリ画面で、ショートカットを作成したいアプリのアイコンをロングタッチしてドラッグします。

② ホーム画面に切り替わったら、配置したいアイコンから指を離します。

③ ホーム画面にアプリのショートカットが作成されます。再びショートカットを移動させたいときは、目的のショートカットをロングタッチしてドラッグします。

④ ドラッグして任意の位置へ移動させます。画面右端までドラッグすると、新しいホーム画面を作って移動できます。削除するには、画面上部の「削除」までドラッグします。

7

■ フォルダを作成する

1 ホーム画面でフォルダに収めたいアプリアイコンをロングタッチします。

2 同じフォルダに収めたいアプリアイコンの上にドラッグします。

3 フォルダが作成されます。フォルダをタップし、[名前の編集]をタップします。

4 フォルダ名を入力し、 ✓ をタップすると、フォルダ名を変更できます。

MEMO 画面下部の固定のアイコンの入れ替え

ホーム画面下部にあるドックのアイコンは、入れ替えることができます。P.147を参考にドックのアイコンを任意の場所に移動するか削除し、かわりに配置したいアプリのアイコンを移動します。

■ ホームアプリを切り替える

① アプリ画面で [設定] をタップし、[アプリ] → [標準のアプリ] の順にタップします。

```
←

アプリ

最近開いたアプリ

  ○ Chrome
     35 分前

  ▶ Google Play ストア
     36 分前                    タップする

  > 92 個のアプリをすべて表示

全般

標準のアプリ
Chrome、電話、+メッセージ(SMS)

利用時間
今日: 1 分
```

② 「デフォルトのアプリ」画面が表示されたら、[ホームアプリ] をタップします。

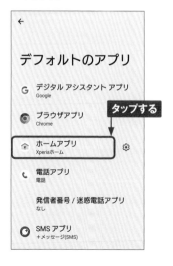

```
←

デフォルトのアプリ

  G  デジタル アシスタント アプリ
     Google
                          タップする
  ○  ブラウザアプリ
     Chrome

  ⟐  ホームアプリ              ⚙
     Xperiaホーム

  📞 電話アプリ
     電話

     発信者番号 / 迷惑電話アプリ
     なし

  ○  SMS アプリ
     +メッセージ(SMS)
```

③ 設定したいホームアプリ (ここでは [かんたんホーム]) をタップし、[OK] をタップします。もとのホームアプリに戻すには、[設定] → [ホーム切り替え] → [OK] をタップします。

```
←

デフォルトのホーム
アプリ

  ○  ⌂  かんたんホーム

  ◉  ⟐  Xperiaホーム
                          タップする
  ⓘ

Android デバイスのホーム画面を提供し、デバイスのコ
ンテンツや機能にアクセスできるようにするアプリで
す。ランチャーとも呼ばれます。
```

7

MEMO **かんたんホーム**

「かんたんホーム」は、基本的な機能や設定がわかりやすくまとめられたホームアプリです。

通知パネルを使いこなす

Application

画面上部に表示されるステータスバーから、さまざまな情報を確認することができます。ここでは、通知される表示の操作方法を紹介します。

■ 通知パネルから通知内容を操作する

1 一部の通知は、通知内容を表示することができます。通知（ここでは不在着信）があったら、ステータスバーを下方向にスライドします。

スライドする

2 通知内容が一部しか表示されていない場合は、通知の部分を下方向にドラッグします。

ドラッグする

3 残りの通知内容と操作メニューが表示されます。[メッセージ]をタップすると「＋メッセージ」アプリでメッセージを送信できます。

タップする

MEMO 通知内容の表示

通知の右端に∨がある場合、タップするか手順②の操作を行うことで、残りの通知内容を表示できます。表示された通知内容を閉じるには、∧をタップします。通知をロングタッチすると、そのアプリの通知設定を変更することができます（Sec.52参照）。

ロック画面に通知を
表示しないようにする

Application

ロック画面に通知を表示させたくない場合は、[ロック画面上の通知] をタップして設定を変更します。また、アプリごとに通知方法を細かく設定することも可能です（Sec.52参照）。

■ ロック画面に通知を表示しないようにする

① アプリ画面で [設定] をタップし、[通知] をタップします。

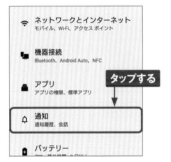

③ [通知を表示しない] をタップします。

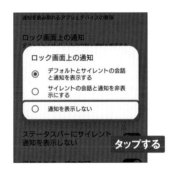

② [ロック画面上の通知] をタップします。

④ 「通知を表示しない」と表示されると、ロック画面に通知が表示されなくなります。

7

Xperia 1 V   Xperia 10 V

不要な通知を表示しないようにする

通知はホーム画面やロック画面に表示されますが、アプリごとに通知のオン／オフを設定することができます。また、通知パネルから通知を選択して、通知をオフにすることもできます。

Application

アプリの通知をオフにする

(1) アプリ画面で［設定］をタップし、［通知］→［アプリの設定］の順にタップします。

(2) 「アプリの通知」画面で、新しく通知のあったアプリが順に一覧表示されます。［新しい順］をタップして、［すべてのアプリ］をタップします。

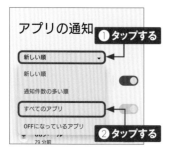

(3) インストールされているアプリが一覧表示されます。通知を非表示にしたいアプリ（ここでは［フォト］）の ●○ をタップします。

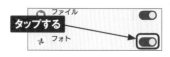

(4) ○● になり、そのアプリからの通知がオフになります。なお、アプリによっては、通知をオフにできないものもあります。

MEMO 通知パネルでの設定変更

通知パネルで通知をオフにしたい場合は、ステータスバーを下方向にスライドし、通知をオフにしたいアプリの通知をロングタッチして、［通知をOFFにする］をタップして ●○ →［適用］をタップします。

Googleアプリ画面の設定を変更する

Application

G

ホーム画面の「Googleアプリ画面」（Sec.04参照）では、過去に行った検索や閲覧の履歴にもとづいて最新情報が一覧表示されます。ここに表示されるカードの種類は、設定で変更できます。

Googleアプリ画面をカスタマイズする

① ホーム画面を右方向にスワイプすると、最新情報がカードとして表示されます。カードをタップすると提供元がブラウザで表示されます。

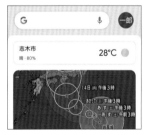

② カードの右下の : をタップすると、同じジャンルや提供元の情報を表示しない設定を行うことができます。

③ 検索ボックス右端のアイコン→[設定]→[全般]の順にタップすると、詳細設定ができます。[Discover]をタップしてオフにすると、すべての情報が表示されなくなり、データ通信量を抑えることができます。

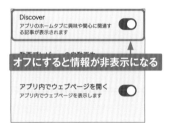

オフにすると情報が非表示になる

MEMO　Googleアプリ

ホーム画面で[Google]→[Google]の順にタップすると、「Googleアプリ」が起動します。「Googleアプリ画面」よりも多くの機能があり、検索結果をコレクションしたり、リマインダー（備忘録）を登録したりすることができます。

Xperia 1 V   Xperia 10 V

Application

画面ロックを設定する

他人に使用されないように、「ロックNo.」（暗証番号）を使用して
画面にロックをかけることができます。なお、ロック状態のときの通
知を変更する場合はSec.51を参照してください。

画面ロックに暗証番号を設定する

(1) アプリ画面で［設定］をタップし、
［セキュリティ］→［画面のロック］
の順にタップします。

(2) ［ロックNo.]をタップします。「ロッ
クNo.」とは画面ロックの解除に
必要な暗証番号のことです。

(3) テンキーで4桁以上の数字を入力
し、［次へ］をタップして、次の
画面でも再度同じ数字を入力し、
［確認］をタップします。

(4) ロック時の通知についての設定
画面が表示されます。表示する
内容をタップしてオンにし、［完了］
をタップすると、設定完了です。

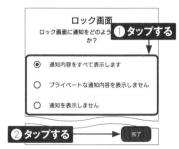

■ 暗証番号で画面のロックを解除する

① スリープモード（Sec.02参照）の状態で、電源キー/指紋センサーを押します。

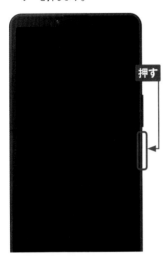

押す

② ロック画面が表示されます。画面を上方向にスワイプします。

9:21
8月13日日曜日

スワイプする

③ P.154手順③で設定した暗証番号（ロックNo.）を入力し、●をタップすると、画面のロックが解除されます。

ロックNo.を入力 ❶ タップする

・ ・ ・ ・

1	2	3
4	5	6
7	8	9
⌫	0	→|

・ 緊急通報　　❷ タップする

MEMO 暗証番号の変更

設定した暗証番号を変更するには、P.154手順①で［画面のロック］をタップし、現在の暗証番号を入力して ● をタップします。表示される画面で［ロックNo.］をタップすると、暗証番号を再設定できます。初期状態に戻すには、［スワイプ］→［無効にする］の順にタップします。

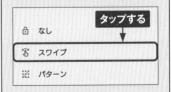

タップする

🔓　なし
🗝　スワイプ
∷　パターン

指紋認証で画面ロックを解除する

Application

Xperia 1 V / 10 Vには、電源キーに指紋センサーが搭載されています。指紋を登録することで、ロックをすばやく解除できるようになります。

指紋を登録する

(1) アプリ画面で [設定] をタップし、[セキュリティ] をタップします。

```
† ユーザー補助
  スクリーンリーダー、表示、操作

θ セキュリティ
  指紋設定

◎ プライバシー
  権限、アカウント アクティビティ、個人デー
  タ                        タップする

◎ 位置情報
  ON - 6 個のアプリに位置情報へのアクセスを
  許可

* 緊急情報と緊急通報
  緊急 SOS、医療情報、アラート
```

(2) [指紋設定] をタップします。

```
デバイスのセキュリティ

画面のロック                    ✿
ロックNo.

指紋設定
指紋ロック解除機能は無効です

押し込み式指紋認証
スリープモードで意図せず電源ボタンに触
れることによるロック解除を防止します。
指紋認証でロック解除したいときは、電源    タップする
ボタンを押した後、指を離さないでくだ
い。

セキュリティの詳細設定
暗号化、認証情報など
```

(3) 画面ロックが設定されていない場合は「画面ロックを選択」画面が表示されるので、Sec.54を参考に設定します。画面ロックを設定している場合は入力画面が表示されるので、Sec.54で設定した方法で解除します。「指紋の設定」画面が表示されたら、上方向にスライドして内容を確認し、[同意する] をタップします。

```
れ に 毎日 など、 画面 を すべて に 下 から
のロックが解除されることがあります。

☑ 最適な結果を得るには、Made For
  Google 認定の画面保護シートを使用して
  ください。これ以外の画面保護シートを
  使うと、指紋が認識されない事    タップする
  ります。

利用しない              同意する
```

(4) 「始める前に」画面が表示されたら、[次へ] をタップします。

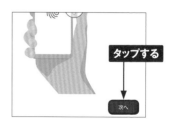

```
                        タップする

                        次へ
```

⑤ いずれかの指を電源キー／指紋センサーの上に置くと、指紋の登録が始まります。画面の指示に従って、指をタッチする、離すをくり返します。

🔓
1. 認証時に触れる指紋中央部を登録
指を少しずつ動かして、登録する範囲を広げてください

指を離してから、もう一度センサーに触れてください。

⑥ 「指紋を追加しました」と表示されたら、[完了] をタップします。

タップする

他の指紋を追加　　　完了

⑦ 指紋が登録されます。[指紋を追加] をタップすると、別の指を登録できます。登録した指紋をタップすると名前を変更できるので、登録した指がわかるように名前を付けましょう。

指紋設定　　　別の指の登録

⌖ 指紋 1　　　　　　🗑

＋ 指紋を追加

ⓘ

⑧ スリープモードまたはロック画面が表示された状態で、手順⑤で登録した指で電源キー／指紋センサーをタッチすると、ロックが解除されます。

タッチする

MEMO　Google Playで指紋認証を利用するには

Google Playで指紋認証を設定すると、アプリを購入する際にパスワード入力のかわりに指紋認証を使えるようになります。「Playストア」アプリを起動して画面右上のアイコンをタップして、[設定] → [認証] → [生体認証] の順にタップし、Googleアカウントのパスワードを入力すると、指紋認証が有効になります。

認証
指紋認証、購入時の認証方法　　　へ

生体認証
このデバイスでの Google Play からの購入　●

購入時には認証を必要とする
このデバイスでの Google Play からのすべての購入

7

クイック設定ツールを利用する

Application

設定の一部は、クイック設定ツールから行えます。使わない機能をオフにすることでバッテリーの節約になる場合もあるので、確認しておきましょう。

クイック設定ツールを利用する

1 ステータスバーを2本指で下方向にドラッグします。

2本指でスライドする

2 クイック設定ツールが表示されます。アイコンをタップすることで、機能のオン／オフや設定が行えます（右のMEMO参照）。

クイック設定ツールが表示される

MEMO クイック設定ツールで管理できるおもな機能

クイック設定ツールで管理できるおもな機能は以下の通りです。タップして機能のオン／オフを切り替えることができます。

📶	インターネット機能（データ通信、Wi-Fi）を設定、オン／オフにします。
✷	Bluetooth機能を設定、オン／オフにします。
↻	画面の自動回転をオン／オフにします。
🔔	マナーモードを設定します。
◎	位置情報機能をオン／オフにします。
🔦	背面のフォトライトをオン／オフにします。
✈	機内モードをオン／オフにします。
🔋	STAMINAモードのオン／オフなど、バッテリーの設定を行います。
◉	Wi-Fiテザリングをオン／オフにします。
☀	画面の明るさを調整します。

■ クイック設定ツールをカスタマイズする

(1) P.158を参考にクイック設定ツールを表示し、✏をタップします。

タップする

(2) アイコンを削除するには、クイック設定ツールのアイコンをロングタッチして「削除するにはここにドラッグ」までドラッグします。

ドラッグする

(3) アイコンを追加するには、「タイルを追加するには長押ししながらドラッグ」にあるアイコンをロングタッチして、クイック設定ツールにドラッグします。

ドラッグする

(4) アイコンの並び順を変えるには、アイコンをロングタッチして、移動したい箇所までドラッグします。

ドラッグする

(5) ←をタップすると、カスタマイズが完了します。

タップする

7

サイドセンスで操作を快適にする

Application

Xperia 1 V ／ 10 Vには、「サイドセンス」という機能があります。画面右端にある「サイドセンスバー」をダブルタップしてメニューを表示したり、スライドしてバック操作を行ったりすることが可能です。

サイドセンスバーの位置などを設定する

1 アプリ画面で［設定］→［操作と表示］→［サイドセンス］の順にタップします。

←

操作と表示   タップする

サイドセンス
いつでもワンアクションでメニューや便利機能を呼び出せます

マルチ画面と操作の活用ガイド
分割画面、ポップアップウィンドウ、サイドセンスの便利機能を確認できます

かんたんホーム
利用頻度の高い機能に絞り込んだ簡単なホーム画面を設定します。

2 ［サイドセンスバーを使用する］が［オン］になっていることを確認し、［サイドセンスバーの詳細設定］をタップします。

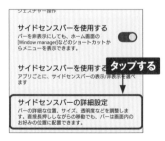

ジェスチャー操作

サイドセンスバーを使用する
バーを非表示にしても、ホーム画面の
[Window manager]などのショートカットからメニューを表示できます。

サイドセンスバーを使用する   タップする
アプリごとに、サイドセンスバーの表示/非表示を選べます

サイドセンスバーの詳細設定
バーの詳細な位置、サイズ、透明度などを調整します。直接長押ししながらの移動でも、バーは画面内のお好みの位置に配置できます。

3 サイドセンスバーを左右どちらに置くかや、上下の位置、長さ、透明度を、片手での持ち方に合わせて変更します。

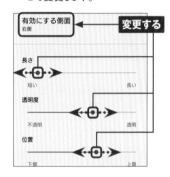

有効にする側面
右側   変更する

長さ
短い   長い

透明度
不透明   透明

位置
下側   上側

MEMO サイドセンスの設定

手順②の画面で［サイドセンスバーを使用するアプリ］、サイドセンスメニューに表示するアプリの設定や、アプリごとにサイドセンスの有効・無効を設定できます。ゲームアプリでは無効にしておくと、誤動作を避けることができます。

■ サイドセンスメニューを利用する

① サイドセンスバーをダブルタップします。初回は［始める］をタップします。

ダブルタップする

② サイドセンスメニューが表示されます。サイドセンスメニューが表示されます。中段のアプリアイコンをタップすると、そのアプリをポップアップウィンドウ（Sec.08参照）で開くことができます。［もっと見る］をタップします。

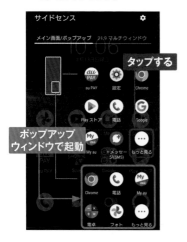

タップする

ポップアップ
ウィンドウで起動

③ インストール済みのアプリが一覧表示されます。上下にスライドするとアプリ一覧の表示を切り替えることができます。

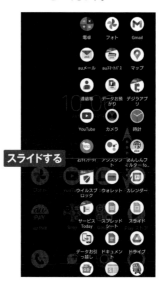

スライドする

MEMO サイドセンスのそのほかの機能

手順②のサイドセンスメニューでは、通知パネルの表示や片手モード（Sec.66参照）の起動が可能です。それ以外にも、サイドセンスバーを上方向にスライドすると「21:9マルチウィンドウメニュー」が表示され、下方向にスライドするとバック操作（◀ キーと同じ操作）になります。これらの操作は、P.160手順②の画面の［ジェスチャーに割り当てる機能］で変更できます。

スリープモード時に画面に情報を表示する

Application

Xperia 1 Vは、スリープモード時に画面に日時などの情報を表示できるアンビエント表示に対応しています。写真や通知、再生中の楽曲情報なども表示できます。

アンビエント表示を利用する

① P.18を参考に「設定」アプリを起動し、[画面設定] をタップします。

Q 設定を検索

🔋 バッテリー
100%

🖫 ストレージ
使用済み 14%・空き容量 221 GB

タップする

🔊 音設定
音量、バイブレーション、サイレント モード

🔆 画面設定
明るさのレベル、スリープ、フォントサイズ

② [ロック画面] をタップします。

デザイン

表示サイズとテキスト

ダークモード
自動で ON にしない

タップする

ディスプレイのロック

ロック画面
時計、通知、アンビエント表示(Always-on display)

画面消灯
無操作状態で1 分後に画面消灯します

画面の操作

③ [時間と情報を常に表示] をタップします。

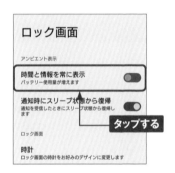

ロック画面

アンビエント表示

時間と情報を常に表示
バッテリー使用量が増えます

通知時にスリープ状態から復帰
通知を受信したときにスリープ状態から復帰します

タップする

ロック画面

時計
ロック画面の時計をお好みのデザインに変更します

④ スリープモード時にも画面に時間と情報が表示されるようになります。

15:09
6月28日水曜日

スマートバックライトを設定する

スリープ状態になるまでの時間が短いと、突然スリープ状態になってしまって困ることがあります。スマートバックライトを設定して、手に持っている間はスリープ状態にならないようにしましょう。

スマートバックライトを利用する

(1) P.18を参考に「設定」アプリを起動し、[画面設定] をタップします。

- バッテリー
  100%

- ストレージ
  使用済み 14% - 空き容量 221 GB

  タップする

- 音設定
  音量、バイブレーション、サイレント モード

- 画面設定
  明るさのレベル、スリープ、フォントサイズ

- 操作と表示
  操作性や画面表示アイテムをカスタマイズ

(2) [スマートバックライト] をタップします。

← 画面設定

ディスプレイのロック

ロック画面
時計、通知、アンビエント表示(Always-on display)

画面消灯
無操作状態で1分後に画面消灯します

タップする

画面の操作

バックライト

スマートバックライト
OFF

(3) スマートバックライトの説明を確認し、[サービスの使用] をタップします。

← スマートバックライト

サービスの使用

タップする

機器を手に持って使っていることをセンサーが判別した場合にはバックライトを消灯させない機能です。たとえば手に持って写真を観賞中はタッチ操作しなくて

(4) ● が ● になると設定が完了します。本体を手に持っている間は、スリープ状態にならなくなります。

← スマートバックライト

サービスの使用

機器を手に持って使っていることをセンサーが判別した場合にはバックライトを消灯させない機能です。たとえば手に持って写真を観賞中はタッチ操作しなくて

7

Xperia 1 V Xperia 10 V

スリープモードになるまでの時間を変更する

Application

スマートバックライトを設定していても、手に持っていない場合はスリープ状態になってしまいます。スリープモードまでの時間が短いなと思ったら、設定を変更して時間を長くしておきましょう。

スリープモードになるまでの時間を変更する

① P.18を参考に「設定」アプリを起動して、[画面設定] → [画面消灯] の順にタップします。

← 画面設定
ディスプレイのロック
ロック画面 時計、通知、アンビエント表示(Always-on display)
画面消灯 無操作状態で2分後に画面消灯します
画面の操作
画面の自動回転
片手モード OFF
バックライト
スマートバックライト

タップする

② スリープモードになるまでの時間をタップします。

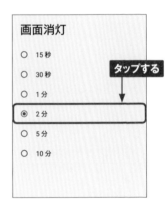

画面消灯

○ 15秒
○ 30秒
○ 1分
◉ 2分
○ 5分
○ 10分

タップする

MEMO **画面消灯後のロック時間の変更**

画面のロック方法がロックNo. /パターン/パスワードの場合、画面が消えてスリープモードになった後、ロックがかかるまでには時間差があります。この時間を変更するには、P.154手順①の画面を表示して、[画面ロック] の ✿ をタップし、[画面消灯後からロックまでの時間] をタップして、ロックがかかるまでの時間をタップします。

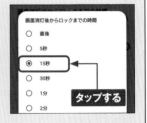

画面消灯後からロックまでの時間

○ 直後
○ 5秒
◉ 15秒
○ 30秒
○ 1分
○ 2分

タップする

Application

ダークモードを利用する

画面全体を黒を基調とした目に優しく、省電力にもなるダークモードを利用することができます。ダークモードに変更すると、対応するアプリもダークモードになります。

■ ダークモードに変更する

(1) アプリ画面で [設定] をタップし、[画面設定] をタップします。

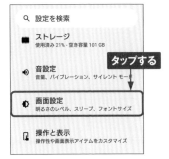

```
Q 設定を検索

■ ストレージ
  使用済み 21% - 空き容量 101 GB

◆ 音設定                    タップする
  音量、バイブレーション、サイレント モード

◐ 画面設定
  明るさのレベル、スリープ、フォントサイズ

▯ 操作と表示
  操作性や画面表示アイテムをカスタマイズ
```

(2) [ダークモード] をタップします。

```
明るさの自動調節                ⬤

デザイン                    タップする

表示サイズとテキスト

ダークモード                    ◯
自動で ON にしない

ディスプレイのロック

ロック画面
時計、通知
```

(3) [ダークモードを使用]の ◯ をタップします。

```
ダークモード

ダークモードでは黒い背景を使用するため、一部の画
面で電池が長持ちします。スケジュールを設定した場
合、時刻を過ぎても画面が OFF になるまではダークモ
ードに切り替わりません。

ダークモードを使用            ◯

スケジュール
なし                        タップする
```

(4) 画面全体が黒を基調とした色に変更されます。なお、手順③の画面で [スケジュール] をタップすると、日中だけや指定した時間だけオンにすることができます。

```
ダークモード

ダークモードでは黒い背景を使用するため、一部の画
面で電池が長持ちします。スケジュールを設定した場
合、時刻を過ぎても画面が OFF になるまではダークモ
ードに切り替わりません。

ダークモードを使用            ⬤

スケジュール
```

7

Xperia 1 V   Xperia 10 V

ブルーライトを カットする

Application

Xperia 1 V ／ 10 Vには、ブルーライトを軽減できる「ナイトライト」機能があります。就寝時や暗い場所で操作するときに目の疲れを軽減できます。また、時間を指定してナイトライトを設定することも可能です。

■ 指定した時間にナイトライトを設定する

1 アプリ画面で［設定］→［画面設定］の順にタップして、［ナイトライト］をタップします。

2 ［ナイトライトを使用］の ● をタップします。

3 ナイトライトがオンになり、画面が黄色みがかった色になります。● を左右にドラッグして黄味の強さを調整したら、［スケジュール］をタップします。

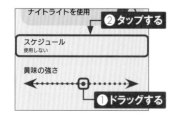

4 ［指定した時刻にON］をタップします。［使用しない］をタップすると、常にナイトライトがオンのままになります。

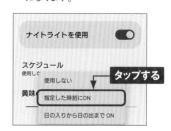

5 ［開始時刻］と［終了時刻］をタップして設定すると、指定した時間のみ、ナイトライトがオンになります。

スクリーンショットを撮る

表示中の画面はかんたんに撮影（スクリーンショット）できます。撮影できないものもありますが、重要な情報が表示されている画面は、スクリーンショットで残しておくと便利です。

本体キーでスクリーンショットを撮影する

① 撮影したい画面を表示して、電源キーと音量キーの下側を同時に1秒以上押します。

1秒以上押す

② 画面が撮影され、左下にサムネイルが表示されます。🖉 をタップすると切り抜きや色補正ができます。ここでは ● をタップし、「フォト」アプリを起動します。

タップする

③ ［ライブラリ］→［Screenshots］の順にタップし、撮影した画面をタップします。

タップする

カメラ　　Screenshots

④ 画面が表示され、画面内の文字の検索などができます。画面をタップして ◀ を何度かタップすると、ホーム画面に戻ります。

❶ タップする

❷ タップする

MEMO スクリーンショットの保存場所

撮影したスクリーンショットは、本体メモリーの「Pictures」フォルダ内の「Screenshots」フォルダに保存されます。

Xperia 1 V | Xperia 10 V

Application

画面の設定を変更する

Xperia 1 V ／ 10 Vのディスプレイは、画質やホワイトバランスを変更できます。画質モードを変更したり、ホワイトバランスを調整したりして、自分好みの見やすい画面にしましょう。

画質モードを設定する

1 アプリ画面で [設定] → [画面設定] の順にをタップします。

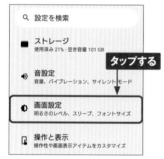

```
Q 設定を検索

■ ストレージ
  使用済み 21% - 空き容量 101 GB
                      タップする
◀) 音設定
  音量、バイブレーション、サイレントモード

◐ 画面設定
  明るさのレベル、スリープ、フォントサイズ

▯ 操作と表示
  操作性や画面表示アイテムをカスタマイズ
```

2 [画質設定] をタップします。

```
画面設定
                      タップする
画質

画質設定
色域とコントラスト、動画再生時の高画質処理

ホワイトバランス
画面上のホワイトバランスを調整します

明るさ

明るさのレベル
```

3 好みの画質モードをタップすると、画質が切り替わります。

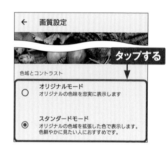

```
← 画質設定

                      タップする

色域とコントラスト

○ オリジナルモード
  オリジナルの色味を忠実に表示します

◉ スタンダードモード
  オリジナルの色域を拡張した色で表示します。
  色鮮やかに見たい人におすすめです。
```

MEMO クリエイターモード
Xperia 1 V

Xperia 1 Vは、手順③でHDRに対応した「クリエイターモード」を選べます。ただし、対応アプリを起動すると自動でクリエイターモードに切り替わるので、スタンダードモードのままにしておけば問題ありません。

```
○ クリエイターモード            Powered by
  HDR規格 BT.2020の色域/10bit入力に     CineAlta
  対応した独自開発の画像処理と4Kディ
  スプレイで、制作者の意図を忠実に再
  現します。
```

■ ホワイトバランスを調整する

① P.168手順②の画面で[ホワイトバランス]をタップします。

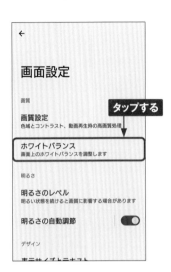

② 標準では青みがかった[寒色]に設定されています。[暖色]をタップします。

③ 青みの抑えられた自然な色合いに切り替わりました。

7

MEMO ホワイトバランスのカスタマイズ

手順③の画面で[カスタム]をタップし、それぞれのスライダーをドラッグすると、ホワイトバランスを独自の設定にカスタマイズできます。

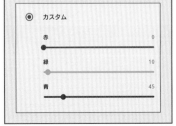

Section **65** Xperia 1 V Xperia 10 V

画面をなめらかに表示する

Application

Xperia 1 Vには、画面をなめらかに表示する低残像設定があります。なお、アプリによっては低残像設定が有効にならない場合もあるので注意しましょう。

低残像設定にする

(1) アプリ画面で [設定] をタップし、[画面設定] をタップします。

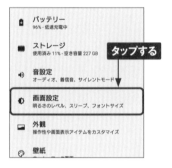

- 🔋 バッテリー
  96% · 低速充電中
- 💾 ストレージ
  使用済み 11% · 空き容量 227 GB タップする
- 🔊 音設定
  オーディオ、着信音、サイレントモード
- 🔆 画面設定
  明るさのレベル、スリープ、フォントサイズ
- 📱 外観
  操作性や画面表示アイテムをカスタマイズ
- 🖼 壁紙

(2) [低残像設定] をタップします。

画面設定

画質

画質設定 タップする
色域とコントラスト、動画再生時の高画質処理

ホワイトバランス
画面上のホワイトバランスを調整します

低残像設定
リフレッシュレートを120Hzに設定し、画面をよりなめらかに表示します

明るさ

(3) [低残像設定の使用] をタップします。

← 低残像設定

低残像設定の使用
リフレッシュレートを120Hzに設定することで、画面をよりなめらかに表示します。設定をONにすると消費電力が上がります。
Game enhancer使用時は、ここでの設定に関わらずゲームモードの設定が優先されます。

タップする

(4) ●になり、画面がなめらかに表示されます。

← 低残像設定

低残像設定の使用
リフレッシュレートを120Hzに設定することで、画面をよりなめらかに表示します。設定をONにすると消費電力が上がります。
Game enhancer使用時は、ここでの設定に関わらずゲームモードの設定が優先されます。

7

Application

片手で操作しやすくする

Xperia 1 V ／ 10 Vのディスプレイは縦に長いので、片手操作では届きにくい箇所がでてきます。その場合は、画面全体を縮小して表示する片手モードに切り替えるとよいでしょう。

■ 片手モードに切り替える

1 アプリ画面で［設定］→［画面設定］の順にタップし、［片手モード］をタップします。

2 ［片手モードの使用］の ●をタップして ●にします。

3 ホーム画面などで ●をダブルタップします。

4 片手モードになり、画面が下にさがります。上部の空いている部分をタップすると、片手モードが終了します。

7

171

Application

アラームをセットする

アラーム機能を利用することができます。指定した時刻になるとアラーム音やバイブレーションで教えてくれるので、目覚ましや予定が始まる前のリマインダーなどに利用できます。

■ アラームで設定した時間に通知する

(1) アプリ画面で[時計]をタップします。

タップする
カメラ　ミュージック　カレンダー　**時計**

(2) [アラーム]をタップして、⊕をタップします。

① タップする　② タップする

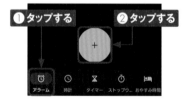

アラーム　時計　タイマー　ストップウ...　おやすみ時間

(3) 時刻を設定して、[OK]をタップします。

10 : 40

① 設定する　② タップする

キャンセル　OK

(4) アラーム音などの詳細を設定する場合は、各項目をタップして設定します。

ラベルを追加

10:40

今日　　　　　　設定する

日 月 火 水 木 金 土

アラームの設定　　　　⊕
デフォルト (Xperia)
バイブレーション　　　✓
Google アシスタントのルーティン　⊕

(5) 指定した時刻になると、アラーム音やバイブレーションで通知されます。[ストップ]をタップすると、アラームが停止します。

時計
アラーム
10:40 (日)

スヌーズ　ストップ

タップする

サイレント

アクセス ポイントが OFF になりまし...
デバイスは接続されていません。タ...

アプリのアクセス許可を変更する

Application

アプリの初回起動時にアクセスを許可していない場合、アプリが正常に動作しないことがあります（P.18MEMO参照）。ここでは、アプリのアクセス許可を変更する方法を紹介します。

アプリのアクセスを許可する

(1) アプリ画面で [設定] をタップし、[アプリ] → [○個のアプリをすべて表示] の順にタップします。

```
ネットワークとインターネット
モバイル、Wi-Fi、アクセスポイント

機器接続          タップする
Bluetooth、Android Auto、NFC

アプリ
アプリの権限、標準アプリ

通知
通知履歴、会話

バッテリー
76%・残り時間：2日以上
```

(2) 「アプリ情報」画面が表示されたら、アクセス許可を変更したいアプリ（ここでは [カレンダー]）をタップします。

```
←  すべてのアプリ        :

おサイフケータイ アプリ
28.55 MB
                タップする
カメラ
9.24 MB

カレンダー
56.29 MB

かんたんホーム
4.62 MB
```

(3) 選択したアプリの「アプリ情報」画面が表示されたら [許可] をタップします。

```
        カレンダー

開く    無効にする    タップする

通知
週に約 0 件の通知

許可
カレンダー、通知、連絡先

ストレージとキャッシュ
```

(4) 「アプリの権限」画面が表示されたら、権限を変更したい項目をタップし、[許可] [許可しない] [アプリの使用中のみ許可] [毎回確認] のいずれかをタップして、アクセス権限を変更します。

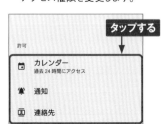

```
                タップする
許可

カレンダー
過去 24 時間にアクセス

通知

連絡先
```

7

おサイフケータイを設定する

Xperia 1 V ／ 10 Vは、おサイフケータイ機能を搭載しています。
2023年8月現在、電子マネーの楽天Edyをはじめ、さまざまなサービスに対応しています。

Application

おサイフケータイの初期設定を行う

(1) アプリ画面で［おサイフケータイ］をタップします。

(2) 初回起動時はアプリの案内が表示されます。画面の指示に従って操作します。

(3) 「初期設定」画面が表示されるので、更新が終わったら［次へ］をタップし、画面の案内に従って操作します。

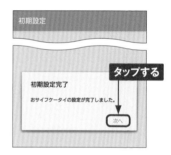

(4) Googleでログインを求められたら、［Googleでログイン］をタップし、次の画面でGoogleアカウントをタップします。さらに画面の案内に従って操作します。

(5) サービスの一覧が表示されます。説明が表示されたら画面をタップし、ここでは、[楽天Edy]をタップします。

(6) 「おすすめ詳細」画面が表示されるので、[サイトへ接続]をタップします。

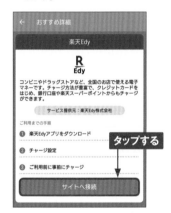

(7) Google Playが表示されます。[インストール]をタップします。

(8) インストールが完了したら、[開く]をタップします。

(9) 「楽天Edy」アプリの初期設定画面が表示されます。[利用規約に同意する]をタップしてチェックを付け、[はじめる]をタップします。以降は画面の指示に従って初期設定を行います。

MEMO おサイフケータイのかざし位置

おサイフケータイ機能を使う際にかざす位置は、本体背面の♪マーク付近です(P.8参照)。

7

175

フォントサイズを変更する

Application

画面に表示する文字（フォント）の大きさは、変更することができます。文字が小さくて読みづらいという場合は、フォントを大きくしてみましょう。

フォントの大きさを変更する

(1) アプリ画面で［設定］をタップし、［画面設定］をタップします。

- ストレージ
  使用済み 21% - 空き容量 101 GB
- 音設定
  音量、バイブレーション、サイレント モード

タップする

- 画面設定
  明るさのレベル、スリープ、フォントサイズ
- 操作と表示
  操作性や画面表示アイテムをカスタマイズ
- 壁紙

(2) ［表示サイズとテキスト］をタップします。

明るさ

明るさのレベル
明るい状態を続けると画質に影響する場合があります

明るさの自動調節

タップする

デザイン

表示サイズとテキスト

ダークモード
自動で ON にしない

ディスプレイのロック

(3) 「フォントサイズ」画面が表示されるので、下部にあるスライダーを左右にドラッグして、フォントの大きさを変更します。結果は画面上で確認することができます。

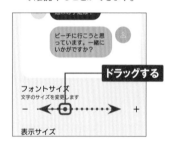

ビーチに行こうと思っています。一緒にいかがですか?

ドラッグする

フォントサイズ
文字のサイズを変更します

－ ◀・・●・・・・・・▶ ＋

表示サイズ

(4) フォントの大きさが変更されます。

プレビュー

週末の予定は?

ビーチに行こうと思っています。一緒に

フォントサイズ
文字のサイズを変更します

－ ─────● ＋

Application

画面の明るさを変更する

画面の明るさは手動で調整できます。使用する場所の明るさに合わせて変更しておくと、目が疲れにくくなります。暗い場所や、直射日光が当たる場所などで利用してみましょう。

見やすい明るさに調節する

① ステータスバーを2本指で下方向にスライドして、クイック設定パネルを表示します。

2本指でスライドする

② 上部のスライダーの◉を左右にドラッグして、画面の明るさを調節します。

ドラッグする

7

MEMO 明るさの自動調節のオン／オフ

P.176手順②の画面で、[明るさの自動調節]の●をタップして●にすることで、画面の明るさの自動調節のオン／オフを切り替えることができます。オフにすると、周囲の明るさに関係なく、画面は一定の明るさになります。

明るさ

明るさのレベル
明るい状態を続けると画質に影響する場合があります

明るさの自動調節

デザイン

表示サイズとテキ… タップする

壁紙を変更する

ホーム画面では、撮影した写真など本体に保存されている画像を
壁紙に設定することができます。ホーム画面とロック画面で異なる
壁紙を設定することも可能です。

壁紙を変更する

(1) ホーム画面の何もないところをロ
ングタッチします。

(2) 表示されたメニューの [壁紙とス
タイル] をタップします。

(3) [壁紙の変更] → [マイフォト]
の順にタップします。

(4) 壁紙にしたい写真をタップして選
択します。

⑤ ピンチアウト/ピンチインで拡大/縮小し、ドラッグで位置を調整します。

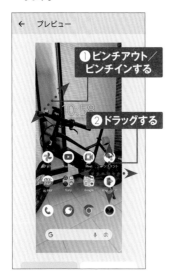

❶ ピンチアウト/ピンチインする

❷ ドラッグする

⑦ をタップし [壁紙を設定] をタップします。

タップする

⑥ 調整が完了したら、変更したい画面 (ここでは [ホーム画面]) をタップします。

タップする

⑧ P.178手順④で選択した写真が壁紙として表示されます。

Wi-Fiを設定する

Application

自宅のアクセスポイントや公衆無線LANなどのWi-Fiネットワークが
あれば、モバイルネットワークを使わなくてもインターネットに接続で
きます。

Wi-Fi経由でインターネットを利用する

(1) アプリ画面で［設定］をタップし、［ネットワークとインターネット］→［インターネット］の順にタップします。「Wi-Fi」が ◯ の場合は、タップして ● にします。[Wi-Fi]をタップします。

(2) 接続先のWi-Fiネットワークをタップします。

(3) パスワードを入力し、[接続]をタップすると、Wi-Fiネットワークに接続できます。

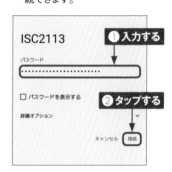

MEMO スマートコネクティビティとは

Xperia 1 V／10 Vに搭載されている「スマートコネクティビティ」は、Wi-Fiネットワークとモバイルネットワークの両方が利用可能なときに、より品質がよい方のネットワークに接続する機能です。移動中などでも通信が途切れないので快適な通信環境を維持できます。

■ Wi-Fiネットワークを追加する

① Wi-Fiネットワークに手動で接続する場合は、P.180手順②の画面を上方向にスライドし、画面下部にある[ネットワークを追加]をタップします。

② 「ネットワーク名」にSSIDを入力し、「セキュリティ」の項目をタップします。

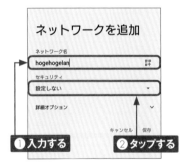

③ 適切なセキュリティの種類をタップして選択します。

④ 「パスワード」を入力して[保存]をタップすると、Wi-Fiネットワークに接続できます。

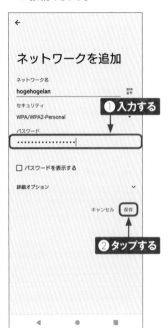

7

MEMO　au Wi-Fi SPOT

Xperia 1 V ／ 10 Vでは、auが提供している公衆Wi-Fiサービス「au Wi-Fi SPOT」も利用できます。接続には専用アプリ「au Wi-Fiアクセス」で初期設定を行い、au ID（Sec.13参照）を設定する必要があります。

Xperia 1 V Xperia 10 V

Wi-Fiテザリングを利用する

Application

「Wi-Fiテザリング」は、モバイルWi-Fiルーターとも呼ばれる機能です。Xperia 1 V / 10 Vを経由して、同時に最大10台までのパソコンやゲーム機などをインターネットにつなげることができます。

Wi-Fiテザリングを設定する

(1) アプリ画面で[設定]をタップし、[ネットワークとインターネット]をタップします。

```
ネットワークとインターネット
モバイル、Wi-Fi、アクセス ポイント

機器接続
Bluetooth、Android Auto、NFC        タップする

アプリ
```

(2) [テザリング]をタップします。

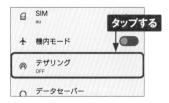

```
SIM
au                        タップする

機内モード

テザリング
OFF

データセーバー
```

(3) [Wi-Fiテザリング]をタップします。

```
テザリング              タップする

テザリングを使用して、モバイルデータ通信により他
の機器にインターネット接続を提供します。

Wi-Fiテザリング
インターネット接続やコンテンツを他の機器と共有し...
```

(4) 「アクセスポイント名」と「Wi-Fiテザリングのパスワード」をそれぞれタップし、任意の文字を入力して[OK]をタップします。

```
アクセス ポイント名
Xperia_9979

セキュリティ                ①入力する
WPA2/WPA3-Personal

Wi-Fiテザリングのパスワード
.............

Wi-Fiテザリングを自動的に
OFFにする                   ②入力する
機器が10分間接続されていないと、W...
ザリングはOFFになります
```

MEMO テザリングオプション

「テザリングオプション」は、使い放題MAX 5Gの各種パック、ピタットプラン 5G、スマホスタートプラン(フラット)5Gの場合、My auからオプションに加入することで、無料で利用することができます。なお、テザリングで使用できる容量は、コースごとに30GB、60GB、80GBとなっています。

⑤ [Wi-Fiアクセスポイントの使用]
→ [OK] の順にタップします。
ここで失敗する場合は「テザリン
グオプション」に加入していませ
んので、P.182MEMOを参考に
加入手続きを行ってください。

タップする

⑥ ◯ が ◯ に切り替わり、Wi-Fiテ
ザリングがオンになります。ステー
タスバーに、Wi-Fiテザリング中
を示すアイコンが表示されます。

アイコンが表示される

⑦ Wi-Fiテザリング中は、ほかの機器か
ら手順④で設定したSSIDが見えま
す。SSIDをタップして、設定したパス
ワードを入力して接続すれば、
Xperia 1 V／10 V経由でインター
ネットにつなげることができます。

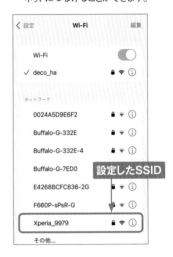

設定したSSID

7

MEMO Wi-Fiテザリングを オフにするには

Wi-Fiテザリングを利用中、ス
テータスバーを2本指で下方向
にスライドし、左方向にスワイプ
して [テザリング] をタップする
と、Wi-Fiテザリングがオフにな
ります。

タップする

Bluetooth機器を利用する

Xperia 1 V ／ 10 VはBluetoothとNFCに対応しています。ヘッドセットやスピーカーなどのBluetoothやNFCに対応している機器と接続すると、Xperia 1 V ／ 10 Vを便利に活用できます。

Application

Bluetooth機器とペアリングする

(1) あらかじめ接続したいBluetooth機器をペアリングモードにしておきます。続いて「設定」アプリを起動して [機器接続] をタップします。

ネットワークとインターネット
モバイル、Wi-Fi、アクセス ポイント

機器接続
Bluetooth、Android Auto、NFC

アプリ
アプリの権限、標準アプリ

タップする

通知
通知履歴、会話

(2) [新しい機器とペア設定する] をタップします。Bluetoothがオフの場合は、自動的にオンになります。

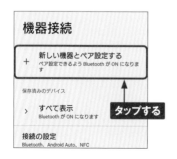

機器接続

新しい機器とペア設定する
ペア設定できるよう Bluetooth が ON になります

保存済みのデバイス

すべて表示
Bluetooth が ON になります

タップする

接続の設定
Bluetooth、Android Auto、NFC

(3) ペアリングする機器をタップします。

新しい機器とペア設定する

機器名
Xperia 10 V

タップする

使用可能なデバイス

NODE 2i - EB1F BT

DAIKO100A006476

(4) [ペア設定する] をタップします。

機器名
Xperia 10 V

[NODE 2i - EB1F BT]とペア設定しますか?

□ 自分の連絡先や通話履歴へのアクセスを許可する

キャンセル　ペア設定する

スマートフォンの Bluetooth アドレス:
3C:38:F4:C7:94:68

タップする

⑤ 機器との接続が完了します。✿ をタップします。

⑥ 利用可能な機能を確認できます。なお、[接続を解除]をタップすると、ペアリングを解除できます。

タップする

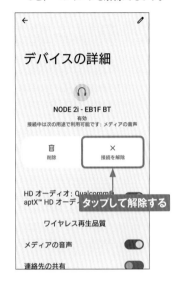

タップして解除する

MEMO NFC対応のBluetooth機器の利用方法

Xperia 1 V／10 Vに搭載されているNFC（近距離無線通信）機能を利用すれば、NFC対応のBluetooth機器とのペアリングや接続がかんたんに行えます。NFCをオンにするには、P.184手順②の画面で[接続の設定]→[NFC/おサイフケータイ]をタップし、「NFC/おサイフケータイ」がオフになっている場合はタップしてオンにします。Xperia 1 V／10 Vの背面のNFCマークを対応機器のNFCマークにタッチすると、ペアリングの確認通知が表示されるので、[はい]→[ペアに設定して接続]→[ペア設定する]の順にタップすれば完了です。あとは、NFC対応機器にタッチするだけで、接続／切断を自動で行ってくれます。

タップしてオンにする

185

STAMINAモードで バッテリーを長持ちさせる

Application

Xperia 1 V ／ 10 Vの省電力モードの「STAMINAモード」は、特定のアプリの通信やスリープ時の動作を制限して節電します。また、電池の寿命を延ばす「いたわり充電」機能もあります。

STAMINAモードを自動的に有効にする

(1) アプリ画面で [設定] をタップし、[バッテリー] → [STAMINAモード] の順にタップします。

バッテリー

73%

残り時間: 2日以上

バッテリー使用量
前回のフル充電からの使用状況を表示する

STAMINAモード
OFF

タップする

(2) 「STAMINAモードの使用」の ●をタップします。

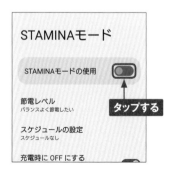

STAMINAモード

STAMINAモードの使用 ●

節電レベル
バランスよく節電したい

タップする

スケジュールの設定
スケジュールなし

充電時に OFF にする

(3) STAMINAモードが有効になったら、[スケジュールの設定] → [残量に応じて自動でON] の順にタップします。

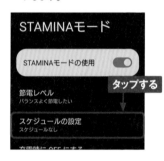

STAMINAモード

STAMINAモードの使用 ●

節電レベル
バランスよく節電したい

タップする

スケジュールの設定
スケジュールなし

充電時に OFF にする

(4) スライダーを左右にドラッグすると、STAMINAモードが有効になるバッテリーの残量を変更できます。

スケジュールの設定

○ スケジュールなし

◉ 残量に応じて自動で ON

20%

←———●———→

ドラッグする

7

■ いたわり充電を設定する

(1) P.186手順①の画面で［いたわり充電］をタップします。

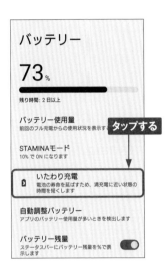

バッテリー

73%

残り時間：2日以上

バッテリー使用量
前回のフル充電からの使用状況を表示す

タップする

STAMINAモード
10％で ON になります

🔋 いたわり充電
電池の寿命を延ばすため、満充電に近い状態の
時間を短くします

自動調整バッテリー
アプリのバッテリー使用量が多いときを検出します

バッテリー残量
ステータスバーにバッテリー残量を％で表
示します

(2) ◯になっている場合はタップして◯にします。標準では「自動」になっていますが、ここでは時間帯を指定していたわり充電を行うようにします。［手動］をタップします。

いたわり充電の使用

タップする

◉ 自動
充電器に長時間接続しているパターンを学習して、自動的にいたわり充電を計画します

◯ 手動
充電器に長く接続している時間帯を設定します

開始時刻
22:00 これ以降に充電器を接続すると、いたわり充電を開始します

満充電目標時刻

(3) ［開始時刻］をタップします。

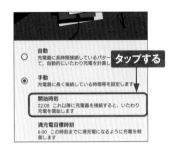

◯ 自動
充電器に長時間接続しているパター **タップする**
て、自動的にいたわり充電を計画し

◉ 手動
充電器に長く接続している時間帯を設定します

開始時刻
22:00 これ以降に充電器を接続すると、いたわり充電を開始します

満充電目標時刻
6:00 この時刻までに満充電になるように充電を制御します

(4) いたわり充電を開始する時刻を設定し、［OK］をタップします。同様の手順で「満充電目標時刻」も設定します。

❶**設定する** 22:00

キャンセル　OK

❷**タップする**

MEMO　常に制限容量まで充電する

手順②の画面で［常時］をタップすると、常に設定した制限容量（90％または80％）までで充電が止まるようになり、電池の寿命をより延ばすことができます。

7

187

本体ソフトウェアを アップデートする

Application

本体のソフトウェアは更新が提供される場合があります。ソフトウェアアップデートを行う際は、事前にSec.40を参考にデータのバックアップを行っておきましょう。

ソフトウェアアップデートを確認する

1 アプリ画面で [設定] → [システム] の順にタップします。

システム

📝 言語と入力

🔧 ジェスチャー

🕐 日付と時刻
GMT+09:00 日本標準時

☁ バックアップ

🔲 システム アップデート
Android 13 に更新済み

2 [システムアップデート] をタップします。

システム

📝 言語と入力

🔧 ジェスチャー

🕐 日付と時刻
GMT+09:00 日本標準時

タップする

☁ バックアップ

🔲 システム アップデート
Android 13 に更新済み

3 [アップデートをチェック] をタップします。アップデートがある場合は画面の指示に従い、アップデートを開始します。

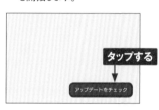

タップする

アップデートをチェック

MEMO　SONYアプリケーションの更新

手順②の画面で [アプリケーション更新] をタップすると、Sony Mobileが提供しているアプリを更新できます。

← アプリケーション更新　　⋮

アプリ

インストール済み

ニューススイート
14.1 MB

Application

初期化する

動作が不安定なときは、初期化すると改善する場合があります。な
お、重要なデータはSec.40を参考に事前にバックアップを行って
おきましょう。

工場出荷状態に初期化する

1 アプリ画面で [設定] → [シス
テム] → [リセットオプション] の
順にタップします。

- 言語と入力
- ジェスチャー
- 日付と時刻
  GMT+09:00 日本標準時
- バックアップ   **タップする**
- システム アップデート
  Android 13 に更新済み
- **リセット オプション**
- アプリケーション更新

2 [全データを消去] をタップします。

リセット オプション

ネットワーク設定のリセット

アプリの設定をリセット **タップする**

ダウンロードされた eSIM を消去

全データを消去(出荷時リセット)

3 メッセージを確認して、[すべての
データを消去] をタップします。

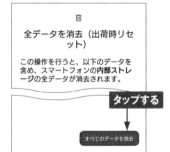

全データを消去(出荷時リセ
ット)

この操作を行うと、以下の内部データを
含め、スマートフォンの**内部ストレ
ージ**の全データが消去されます。

タップする

すべてのデータを消去

4 [すべてのデータを消去] をタップ
すると、初期化されます。

すべてのデータを消去します
か?

個人情報とダウンロードしたアプリ
がすべて削除されます。この操作を
取り消すことはできません。

タップする

すべてのデータを消去

7

索引

お問い合わせについて

本書に関するご質問については、本書に記載されている内容に関するもののみとさせていただきます。本書の内容と関係のないご質問につきましては、一切お答えできませんので、あらかじめご了承ください。また、電話でのご質問は受け付けておりませんので、必ずFAXか書面にて下記までお送りください。

なお、ご質問の際には、必ず以下の項目を明記していただきますようお願いいたします。

1 お名前
2 返信先の住所またはFAX番号
3 書名
  （ゼロからはじめる　au　Xperia 1 V ／ 10 V　SOG10 ／
  SOG11　スマートガイド）
4 本書の該当ページ
5 ご使用のソフトウェアのバージョン
6 ご質問内容

なお、お送りいただいたご質問には、できる限り迅速にお答えできるよう努力いたしておりますが、場合によってはお答えするまでに時間がかかることがあります。また、回答の期日をご指定なさっても、ご希望にお応えできるとは限りません。あらかじめご了承くださいますよう、お願いいたします。ご質問の際に記載いただきました個人情報は、回答後速やかに破棄させていただきます。

お問い合わせ先

〒 162-0846
東京都新宿区市谷左内町 21-13
株式会社技術評論社　書籍編集部
「ゼロからはじめる　au　Xperia 1 V ／ 10 V　SOG10 ／ SOG11　スマートガイド」質問係
FAX 番号　03-3513-6167
URL：https://book.gihyo.jp/116/

■ お問い合わせの例

FAX

1 お名前
　技術　太郎

2 返信先の住所または FAX 番号
　03-XXXX-XXXX

3 書名
　ゼロからはじめる　au
　Xperia 1 V ／ 10 V
　SOG10 ／ SOG11
　スマートガイド

4 本書の該当ページ
　38 ページ

5 ご使用のソフトウェアのバージョン
　Xperia 10 V
　Android 13

6 ご質問内容
　手順 3 の画面が表示されない

ゼロからはじめる **au Xperia 1 V ／ 10 V SOG10 ／ SOG11 スマートガイド**

エーユーエクスペリアワンマークファイブ　テンマークファイブ エスオージーイチゼロ　エスオージーイチイチ

2023 年 10 月 6 日　初版　第 1 刷発行

著者 ……………………… 技術評論社編集部（ぎじゅつひょうろんしゃへんしゅうぶ）
発行者 …………………… 片岡　巌
発行所 …………………… 株式会社　技術評論社
　　　　　　　　　　　　東京都新宿区市谷左内町 21-13
電話 ……………………… 03-3513-6150　販売促進部
　　　　　　　　　　　　03-3513-6160　書籍編集部
編集 ……………………… 原田　崇靖
装丁 ……………………… 菊池　祐（ライラック）
本文デザイン・DTP ……… リンクアップ
製本／印刷 ……………… 図書印刷株式会社

定価はカバーに表示してあります。

ISBN978-4-297-13693-2 C3055

Printed in Japan